図書室で真珠採り

松月清郎

イラストレーション　シャンティー

目次

第一室　天然真珠の頃

第二室　天然真珠から養殖真珠へ

第三室　養殖真珠の発展期

第四室　真珠貝は世界を照らす

第五室　天然真珠と模造真珠

第六室　真珠のような人たち

第一室　天然真珠の頃

真珠の力で疫病退散　『アタルヴァ・ヴェーダ』と「御産部類記」

真珠は装身具として、文字通り身を装うために着用する。その穏やかな輝きは人の眼を捉え、清らかで好ましい印象を作り出す。

今では意識することはないかも知れないが、その真珠に護符としての機能を求めていた時代があった。ここではインドと日本の例を挙げておきたい。

まず、古代インド。ヒンドゥー教の聖典ヴェーダから『アタルヴァ・ヴェーダ』を見てみよう。紀元前一千年頃を中心に編集された呪術的な儀礼典礼集で、その呪法讃歌に「真珠貝の護符により少年に長寿・繁栄を与うるための祈願」がある。

一．風より生まれ、空間より、稲妻より、光明より（生まれ）、黄金より生まれたるこの貝、真珠が、われらを困厄より守らんことを。

二．彼は光明の先頭に、海より生まれたり。われらこの貝によりラクシャス（羅刹《らせつ》＝人をたぶらかし、血肉を食う悪鬼）どもを殺し、貪食《どんしょく》者ども（魔類）を克服せんことを。

三．貝により、病患と窮境とを、また貝によりサダーヌヴァー（女性の魔類）どもを。一切を癒す貝、真珠がわれらを困厄より守らんことを。

四．天に生まれ、海より生まれ、川よりもたらされ、黄金より生まれたるこの貝は、われらの寿命を全うせしむる護符なり。

（中略）

七．神々の骨は真珠となりたり。そは生気を有して海中を歩む。われはそ（真珠の護符）を汝（入門者）に結ぶ、寿命のために、栄光のために、力のために、長寿のために、百歳の齢のために、真珠（の護符）が汝を守護せんことを。

と、なんともありがたい文言が続く。豊かな海に恵まれたインドでは古代から真珠と真珠貝に呪術的な力を認め、護符として用いていたことが窺える。護符は肌身につけたのだろうか。アコヤガイ内面の輝きはあらゆる邪悪なるものをはじき返す力を秘めているかのようで、その光沢をすべての方面に放つ真珠には最強の威力が備わっていた。

　同じインド由来の仏教に真珠の不思議な力は継承された。日本に伝来した飛鳥時代以降、仏教寺院建立の際には、地の神に安全を祈願する地鎮の儀式が行われ、そこで七宝のひとつとして金、銀、瑠璃《るり》、玻璃《はり》、瑪瑙《めのう》などとともに真珠が埋納された。六世紀末、飛鳥寺の塔と法隆寺五重塔の心礎、八世紀の興福寺中金堂跡や元興寺の塔から出土した真珠の記録が明らかになっている。

時代が下り、平安時代に真言密教による御修法《みずほう》が盛んになると、七宝は五宝に変化し、五穀、五香、五薬とともに加持祈祷の場で用いられる。真珠は五宝に数えられる必須の品だった。加持祈祷の機会は様々で、たとえば貴族婦人の安産を願う時にも行われた。紫式部の日記には一条天皇中宮彰子の出産に際し、物の怪を調伏しようと読経する僧の様子が記されている。また、『平家物語絵巻』中「御産の巻の事」には高倉天皇中宮徳子の出産場面があり、安産を祈願する僧の姿が見て取れる。無事の出産を祈って御修法がさかんに行われ、真珠は五宝として祭壇に供養された。

このような密教の御修法には相当な規模の準備が必要で、そのためのマニュアルが五宝、五香、五薬、五穀の由来などを記した『寶要抄《ほうようしょう》』という書物だ。真珠の知識も記されている。古文書のデータベースで見ると醍醐寺や高山寺などで真珠を含む五宝がたびたび求められたことがわかるが、こうした品々を用いるには安定的に供給できるシステムが欠かせない。真珠に限っても相当な量が出回っていたと思われる。ただ、その流通と消費の実態は明らかではない。

高貴な人々の出産記録をまとめた「御産部類記」には真珠を入れた産湯のことが記されている。鳥羽天皇妃待賢門院璋子の出産記録で、後に崇徳天皇となる皇太子の誕生翌日、お湯殿の儀に、真珠を含む宝物を納めた絹の小袋をお湯に入れて使ったという。原文では「犀角金銀瑠璃車□（硨磲《しゃこ》か）瑪瑙頗璃珊瑚琥珀真珠銭等入白生絹小袋入御湯」とある。五宝、七宝を超えて十一種の宝物による、何とも豪華な産湯だ。

産湯のついでに言えば、先の『紫式部日記』には一条天皇中宮彰子の出産に際して、虎の頭を湯殿に持ち込む場面がある。虎の頭蓋骨が産湯のためだけに用意されていたのだろうか。杉立義一氏は『お産の歴史』で、「『医心方』には『産経』に言うとして、新生児の初浴に牛脂、香脂を入れると、老年に至るまで病なし、あるいは虎頭骨を漬け、または金銀珍宝を入れて沐浴させると富を得る」と、虎頭骨使用の根拠を述べている。一条天皇と鳥羽天皇の御代ではほぼ一世紀の開きがあるので、虎の頭蓋骨から真珠に入浴剤の変化があったかも知れない。燐酸と炭酸の違いはあるがどちらもカルシウム。赤子の無事生育に虎の生命力や真珠の輝きは頼もしい味方だったに違いない。

古来、装身具には僻邪《へきじゃ》、つまり魔除けの機能があると考えられた。今もイヤリングやネックレスには耳、のどといった魔物の侵入しやすい身体部位を守る役割が密かに与えられているらしい。令和の厄災ではマスクに付ける真珠の飾りを開発した業者がいたと聞く。口元と鼻から魔物の侵入を阻止する意味で、装身具の本質を見極めた商行動というべきだが、成果はどうだったのだろう。

辻直四郎訳『アタルヴァ・ヴェーダ讃歌』岩波文庫、一九七九年
森郁夫・藪中五百樹『鎮めとまじないの考古学 下』雄山閣、二〇一三年
山本淳子訳註『紫式部日記』角川ソフィア文庫、二〇一〇年
「御産部類記」『續群書類従・第三十三輯下雑部』同完成会、一九五八年三版
杉立義一『お産の歴史』集英社新書、二〇〇二年

涙が真珠に変わるとき　「鮫人の下男」と「鮫人の感謝」

現在のように生成の仕組みもわからず、養殖のすべなどなかった頃は、真珠は水中に潜って貝を探し出し、その中に求めるしかなかったから、真珠を採取する人には不思議な力が備わっていると考えられたのは無理もない。水辺に暮らすそういう特殊な能力を持つ職能集団と接する機会がなければ、真珠の誕生は一層神秘化されただろう。

真珠採りの物語は、なかには荒唐無稽と思われる所説もあるが、案外、フィクションとわかって楽しんでいたのかも知れない。龍の珠、蛇の珠、露や涙など、真珠の輝きとその不思議は様々な物語として語り継がれてきた。ここでは中国の「鮫人の涙」を取り上げよう。

鮫人はこうじんと読み、人魚の一種と考えて良い。機織りが上手く、涙はこぼれて真珠となると信じられていた。その話の初出は三世紀晋代の張華が著した『博物誌』にみることができる。「南海の海外には、鮫人と呼ぶ人がいる。魚の様に水の中で生活して、休むことなく糸を紡いで布を織った。流す涙は真珠に変わる」とあり、同じく四世紀半ばの干宝による『捜神記』も『博物誌』同様の話を伝えている。どちらも南海のそのまた外というわけで、実際に現地の真珠採取の様子を見た人がいて、その話に尾鰭が付き、こういう伝承になったのか。鮫人は魚の形をして、とあるが、どういう形を想像すれば良いのかはっきりしないし、そもそも鮫人はなぜ泣くのか、という疑問が生じる。そのあたりを核として書かれたのが清代の作家・沈《しん》起《き》鳳《ほう》の著作集『諧鐸《かいたく》』に収められた短編「鮫人の下男」である。

江蘇省に景生という若い男がいた。ある日のこと、浜辺で全身黒い男が寝ていたのを見かけた。そこで声をかけて自宅へ連れて帰り、下人として住まわせることにした。青い目のその男は鮫人と名乗り、南の海で織物の仕事についていたが、ある事でしくじって追放され浜辺で途方に暮れていたという。さて、景生は灌仏会《かんぶつえ》の日にたまたま見かけた美しい娘に一目ぼれ。さっそくその家を訪ねると、娘の名前は万珠といい、母親から、結婚を望むなら名前にちなんで結納として真珠一万個を求められる。

それだけの真珠はとうてい手に入らないと分かっても恋しさは募るばかりで、景生、とうとう臥せる身となってしまった。

鮫人が心配して尋ねると「自分は恋に死ぬ運命だ。俺が死んだらお前はどうなるだろう」という。それを聞いて鮫人は大声で泣き、涙が真珠となって床一杯にこぼれた。鮫人の涙は真珠になる、といわれていた通りだ。景生は跳ね起きて、死にそうに見せたのは鮫人の涙が欲しかったからだと明かす。ふたりは床に落ちた真珠を数えるが一万個には足りない。もっと泣けという景生に、鮫人は心の底から悲しくならないと泣けないので、海に行こうと誘う。鮫人が遥かに海を眺めて自分の境遇と遠い故郷を思うと、悲しくなって涙を流し、それらは真珠となった。

一万個の真珠を持って景生は娘の家に行き、結婚を申し込む。母親は男の本気を確かめるために難題を与えたので、私蔵するつもりはなく、真珠は娘の持参金としてもたされた。嫁いだ娘はめでたく男児を生んだ。罪を許されることになって南の故郷に帰っていった鮫人を思い、景生は子供に夢鮫という名前をつけたという。

同様の話が小泉八雲『影』（一九〇〇年）に収められた「鮫人の感謝」で、舞台を琵琶湖畔に置き換えている。俵屋藤太郎なる人物が美しい娘を見初めて、結納を都合するのに鮫人を泣かせる下りも同じだが、こちらは流した涙が紅玉（ルビー）になるというもの。なぜ真珠でなくルビーにしたのか。

これに先立って江戸時代の作家曲亭馬琴は鮫人の話を寛政十一年（一七九九）の『戯聞塩梅余史』（蔦屋重三郎版）に収めている。登場人物は俵屋藤太郎で、女性を見初める設定も同じ。ここで馬琴は鮫人が流す涙を「血の涙」、「紅涙」と記し、その涙が変じて「明玉」、「珠」になったとしている。紅色の涙なら赤い宝石に変化するのは自然な連想で、八雲は馬琴の話に依拠したのかも知れない。

沈起鳳の「鮫人」を収めた『諧鐸』の刊行は一七九一年なので、馬琴は発刊間もない中国書を手に入れて読んでいたとしても不思議はない。

ただし鮫人の伝承はすでに平安時代には知られていた。『和漢朗詠集』巻上秋二一四の菅原道真の歌に「露は別れの涙なるべし珠空しく落つ」とあり、川口久雄氏は『白氏六帖』珠部にある鮫人の涙の説話を引くと解説している。また同二八八で都良香《みやこのよしか》は、紅蘭に溜まった露が滴る様子を「滴っては鮫人の眼の珠に泣くに似たり」と歌っている。

露＝珠＝鮫人の涙という連想は日本でも長く定型化していたことが窺える。

張華　小澤健一訳註『張華の博物誌』ブイツーソリューション、二〇一三年
沈起鳳　前野直彬訳「鮫人の下男」『中国古典文学大系四二』平凡社、一九七一年
小泉八雲　田代三千稔訳「鮫人の感謝」『怪談・奇談』角川文庫、一九五六年
曲亭馬琴「鮫人」武藤禎夫編『噺本大系第十三巻』東京堂、一九七九年
川口久雄『和漢朗詠集全訳註』講談社学術文庫、一九八二年

大珠を扱う真珠商人　『列仙伝』

荒唐無稽と見える中国の古典も少し深読みをすると現実との接点が浮かび上がる。

前漢末（紀元前一世紀）の劉向《りゅうきょう》は幼い頃から神仙の書を読むほど明晰な人物だった。長じて王の側近となり錬金術を提案したが、多額の費用をつぎ込んで成果が得られなかった。そのため死罪に処せられるところを、才能に免じて許され、後に典籍管理の傍ら神仙の事績を収録して著したのが『列仙伝』と伝えられる。常人を超越した不思議な人物の列伝というところか。

その巻上「朱仲《しゅちゅう》」に漢代の真珠商人の姿が描かれている。おそらく最古の真珠流通の話と思って良いだろう。

その朱仲は会稽《かいけい》の人。いつも町の市で真珠を商っていた。漢の高祖（＝劉邦　在位は前二〇二～一九五年）のとき、呂妃のために径三寸の真珠を得たいと布告が出たので、朱仲は俺の出番だとほくそ笑み、手持ちの中から選んで宮中に参上した。その真珠は注文以上に見事だったので朱仲は五百金を賜った。次に娘の魯元公主が四寸の真珠を内密に希望した。その値七百金。母親に負けまいということだったのか、それにも応えて褒美を手にした。その後、朱仲の行方はわからなくなったが、漢の六代景帝（在位前一五七〜一四一年）のときに再度現れて、今度は三寸の真珠数十個を献じ、そしてまた行方をくらましたという。

『列仙伝』の記述はこれだけで終わっているが、少し検討をくわえよう。

まず、最初に朱仲が納めた真珠のサイズだが、漢代の一寸は約二・三センチなので、三寸は六・九センチ、四寸は九・二センチということになる。途方もない大きさで、これだけで大風呂敷に聞こえそうだ。だが、実在する巨大真珠「パール・オブ・アジア」は七・六×五・〇センチ、同じく「ホープの真珠」は長径六・五センチで、球体として考えなければありえない寸法ではない。ただ、普通の装身具に使えるわけでもなく、自らの権威を誇るための示威具ということになる。

ちなみに「パール・オブ・アジア」は清朝の西太后がお守りに愛蔵したと伝えられる。残虐非道の振る舞いで知られ、同じく中国三大悪女のひとりに名を連ねる漢の呂皇后も共通の嗜好があったのか。清らかな真珠のイメージを損ねかねない顔ぶれではある。

東洋学の泰斗・石田幹之助博士の『南海に関する支那史料』（昭和二十年）には、中国の人々は「戦国時代（前五世紀）から既に南海の特産たる犀角、象牙、玳瑁《たいまい》、翡翠、真珠、宝石の類を愛用し、今日の広東・広西省の地に拠っていた越民族の一部を通じて之を得ていたらしい」とある。彼らが直接、南海に足を踏み入れたのは前漢の七代武帝の治世（前二世紀）といわれるが、上記の朱仲は会稽の人であり、会稽は漢の版図に入る前は越の首都であった。現在の浙江《せっこう》省紹興《しょうこう》市である。すると、朱仲は南洋産のシロチョウガイ真珠の流通を握っていた人物かも知れず、手持ちの中から三寸の真珠を持参するなど、かなりの在庫を持っていた有力業者だったと想像される。はるばる漢の都長安まで真珠を懐に入れて旅をしたのか。その間に『西遊記』のような奇談があったことだろう。

いずれにせよ、この頃に南洋からもたらされたシロチョウガイの大きな真珠が権力者の間で珍重されていたことを窺わせる記述で、単純に「白髪三千丈」のような誇張とは言い切れない。

さらに想像をたくましくすると、その後、朱仲が行方をくらませたのは、真珠の買い付けに広州あたりのエージェントを訪問したからで、その成果が「三寸の真珠数十個」なのか。海上貿易の基地だった広州の市ではインド洋からのアコヤガイ真珠も扱われていたはずだ。そして石田博士のいう次の七代武帝の頃、今度は南シナ海を渡って真珠の産地に直接赴き、そこで何かトラブルに巻き込まれて帰れなくなったのかも知れない。真珠の涙を流す鮫人と争ったか、それとも本物の鮫の餌食になったのか。
『列仙伝』の著者は不思議の術を使う神仙のひとりとして朱仲を取り上げたが、こうして周辺事情と組み合わせて考えれば、当時の真珠流通の姿が浮かび上がってくる。案外、現実ばなれした話でもなさそうだ。

沢田瑞穂訳「列仙伝・神仙伝」『平凡社版中国の古典シリーズ4』平凡社、一九八七年

中国東北部の真珠採り　『満州誌』

かつて天然真珠の産地は世界中に遍在していた。海洋は言うに及ばず、河川湖沼、色々な場所で真珠採りが行われていた。

たとえば中国東北部については、台湾故宮博物院の機関誌『月間故宮文物』第九八号に「服制鼎成東珠生輝」という荘吉發《そうきつはつ》氏の報告があって、その地域の川で行われていた真珠採取の様子を知ることができる。文献を紐解いてご紹介しよう。

中国語の真珠啓蒙図書に目を通された方は、珍珠と並んで東珠という語句がしばしば使われるのにお気づきだろう。東珠は淡水二枚貝の中にできる真珠で、中国の東北、すなわち吉林、黒竜江省を流れる松花江《しょうかこう》、牡丹江《ぼたんこう》、嫩江《のんこう》とその支流で採れるものをいう。いずれも黒竜江（アムール川）に流れ込む。東北部で採取されるので東珠あるいは北珠とも称され、一般的に珍珠と呼ばれるアコヤガイの真珠とは峻別される。

東珠がその経済的価値を発揮するのは明末から清朝にかけての時代である。小峰和夫氏は「女真族の明との交易品は狩猟によって捕獲される貂、狐、豹などの毛皮、採集によって得られる人参、薬草、玉、真珠、金などがおもなものだった。これらの天産物はすべて長によって狩猟や採集の権利が独占され、許可を得たものはかならず収獲の一部を長に上納しなければならなかった」（『満州』）として真珠の交易上の価値に言及している。清朝を興した女真族の経済基礎の一端を真珠が担っていたということだ。

農商務省農務局『満州誌』中の「満州の水産」には、満州（中国東北部）における真珠の産地として松花江とその支流ならびに斉斉哈爾（チチハル）、呼蘭城（フラン城＝ハルビン市内）、愛琿管内（黒竜江省黒河市）の諸湖水の名が見える。真珠は貝の中に含まれ、ある宣教師の見聞によれば小さなものは粟粒大。それは良いとしても、大きなものは直径約半吋（＝一・二七センチ）というから、ちょっと信じがたい。

満州の真珠採収は政府の専業として行われ、一般人には厳禁されていた。採取者三十人からなる採貝団が皇室用に五十九団、満州出身の皇族の為に三十九団が置かれ、五月から八月までの漁期に一団体が十六個を採収。それらの真珠はすべて宮内省に送られ、五等に分類。一等品は普通品の五倍に、二等品は普通品の四倍に評価されたという。定数以上の三十個を得た団体には、その従業者に所定の褒美があった。担当の上級武官には絑繻一反、下級武官には絹布一反、下士には紫花布四反、潜水者には真珠一個に対して紫花布二反がそれぞれに与えられた。

この賞品は銀貨に替えて与えられたが、一方で所定の数を採収できないときは罰があって、将校は一ヶ月分の月俸の減給、下士官は十回の鞭打ちが加えられたというような記事が続く。

『満州誌』の原書はロシア大蔵省の編集で、出版当時の一八九八年頃には真珠の採収は殆ど行われなかった模様だが、北京朝廷は一部の河川で採収させていたというから、二十世紀初頭まではその命脈を保っていたようだ。

『鶏林舊《きゅう》聞録』、『吉林外紀』など中国東北部について書かれた地誌の一部を要約すると、東珠の採取は集団で行われていた。それも採取専用の船に食料を積み込んで出漁し、漁場に着くと棹を水中に差し込んで、それを頼りに潜水夫が潜って貝を採ったというから、大河ならではの風景だ。また、十人ほどの採取者が互いに縄で腰を繋ぎあい、川に入って貝を採る地方もあったという。いずれにしても役人監視の下での作業で、たとえば河原でキャンプファイアを囲んで一座が和気藹々で採取したアメリカの天然真珠採りのような牧歌的印象からは程遠い。

以前、台北の故宮博物院を訪れて、運よく清朝皇帝の冠の数々を見る機会に恵まれた。

それらには真珠がふんだんに用いられていたが、養殖のシロチョウガイ真珠を思わせるかたちと大きさであって、清朝勃興の地で淡水貝から採れた誇るべき東珠であるという説明には半信半疑だった。だが文献で採取の実態を知れば納得するより他にない。

残念ながら古い記録には貝の種類についての言及が全く見られないが、現地の自然史博物館なら何か手掛かりがあるような気がする。養殖登場以前の真珠文化の実態を知るために、大陸方面と情報交換をしてみたい。

荘吉發「服制鼎成東珠生輝」『月間故宮文物』第九八号　一九九一年
小峰和夫『満州』講談社学術文庫、二〇一一年
農商務省農務局「満州の水産」『満州誌』一九〇五年

奈良には古き真珠たち　西川藤吉『真珠』

片雲の風に誘われ漂泊の思い止まず、秋の一日、奈良を訪ねた。「菊の香や奈良には古き仏たち」（芭蕉）をもじっていえば「奈良には古き真珠たち」。真珠に関わりを持つ仏閣がいくつかある。

代表は東大寺法華堂（三月堂）。東大寺の前身と伝わる金鐘寺《こんしゅじ》の羂索院《けんじゃくいん》で、創建は天平五年（七三三）。静かな堂内に入れば不空羂索観世音菩薩立像を中心に天平の仏像が十体。暗がりに順応するにつれて視界に堂々としたお姿が浮かび上がる。

天平二十一年（七四九）頃の作とされる菩薩像。その頭上を飾る宝冠に様々な宝玉と並んで真珠が使われている。宝冠は銀に鍍金《ときん》を施した宝相華唐草文様で高さは八十八センチ。八角二重基壇の上に立つ三・六メートルの像の頭上を仰いでもその細部など到底わかる筈がない。だが、過去には様々な見聞記がある。真珠研究の先駆者・西川藤吉の実見記録を遺稿集『真珠』から、少し長いが引用する。

「天平年間に於いてアハビ真珠並びにシンジュガイの真珠ありて共に装飾にもちいられし

ことは明に推知するを得べきが、更にその実例を示すべきものあり。余は新納忠之助（ママ）氏の好意によりて、これを奈良三月堂に安置せられたる不空羂索観世音菩薩の像に就いて見ることを得たり、（中略）今これを拝するに白毫ならびに宝冠の装飾に真珠を用いられたるを観る、白毫のものは直径二分五厘計、重量一分計の扁平円形のアハビ真珠なり。而して宝冠中央に一対の真珠かかれり、その内一個は紛失せるも他の残れるものを観るに歪形茄子形にして長さ四分計重量二分計、その一端に孔を穿ちて銀線を貫かれたり、これ亦アハビ真珠なり、その他宝冠には歪形の所謂ミミダマにして重量一厘乃至三厘の真珠の銀線にて数珠繋ぎにせるものを以て縦横に飾られたり（以下略）」。

　西川が像の頭上の宝冠を詳細に観察できたのは、ちょうど修理の最中だったからだ。便宜を図った新納《にいろ》忠之介は明治元年（一八六八）、鹿児島の生まれ。東京美術学校彫刻科で岡倉天心、高村光雲に学び、卒業後は母校の助教授に就任した。同三十一年に岡倉天心が日本美術院を創設すると、新納もそこで古美術修理技術の研究に従事する。

　この日本美術院第二部の美術品修理所は奈良に事務所があり、新納が所長を務めていた明治三十四年に法華堂半解体修理の際、西川藤吉が訪れた。このことは藤吉の兄で化学者、実業家として大成した西川乕吉《とらきち》博士の『追想録』に収められた新納の文からわかる。おそらくは拡大鏡程度で観察した西川の記述をここで云々する必要もないが、「真珠の銀線にて数珠繋ぎにせるものを以て縦横に飾られたり」という記述から、真珠研究者としての昂ぶりが読み取れる。

平成七年（一九九五）、この宝冠は奈良国立博物館で展示公開された。その時の図録『日本仏教美術名宝展』には「色ガラス、コハク、真珠、水晶、メノウ等の宝玉や切子玉を連ねて荘厳を凝らしている。また、冠正面の化仏も（中略）シベ先に真珠の露玉を光らせた銀の蓮華上に立つ」とあるが、この時点までは肉眼観察による、いわば印象記録だった。

同二十三年、法華堂の修理に伴い、像と宝冠は新設の東大寺ミュージアムに出展、それを機に宝冠に用いられた宝玉を対象として、非破壊による科学的分析調査が実施された。報告によれば、宝冠の玉は大小合わせて一万一千個弱を数え、九十三パーセントがガラス製、それ以外は硬玉、瑪瑙《めのう》、琥珀《こはく》、真珠、水晶であるという。

調査はガラスを対象としており、残念ながら真珠についての知見は示されていない。第一次調査で宝玉二十点、二次調査で二十六点を分析。対象の四十六点は全体の〇・四パーセントに過ぎないが、真珠が四点確認されている。従来目視のみで語られてきた真珠の存在を科学的に実証した点で画期的な報告である。ガラス製以外の七パーセント（約七七〇個）

の玉に真珠はいくつ含まれているのだろうか。

この宝冠に使われた真珠や宝玉は古墳の出土品を再利用したという杉山二郎氏の指摘があり、せめて淡水産か海水産の別だけでも開示されると色々な考察が可能になる。間近に見ることは叶わないまでも、そこにあることが明らかな古代真珠の事例として覚えておきたい。

隣の二月堂は春のお水取りで知られ、舞台からの眺望は抜群だが、読者諸賢は三月堂も是非。

西川新十郎編『真珠』一九一四年
『西川帍吉博士追想録』同記念出版会、一九五一年
「東大寺法華堂本尊不空羂索観音菩薩立像の宝冠の科学的調査」『東大寺の新研究I東大寺の美術と考古』法蔵館、二〇一六年
杉山二郎・山崎幹夫・坂口昌明『真珠の文化史』学生社、一九九〇年

文化史と分析科学の橋渡し　和田浩爾『正倉院年報』

生体鉱物学を体系立てて真珠研究を牽引したのが和田浩爾《こうじ》氏だ。先生とは昭和六十三年（一九八八）から翌年にかけて行われた正倉院宝物材質調査でご一緒したことがある。正倉院展開催に合わせ、晩秋の一週間を奈良に滞在、宝庫内で調査作業に従事した。

正倉院に伝わる真珠遺物のうち最大のものは「礼服《らいふく》御冠《おんかんむり》残欠《ざんげつ》の真珠類聚《るいじゅ》」（北倉一五七）として残る真珠三八〇〇余個で、聖武天皇、光明皇后、孝謙天皇が天平勝宝四年（七五二）、大仏開眼会に使用した御冠に用いられていた。

十三世紀まではほぼ完全なかたちで正倉院に伝わっていたが、仁治三年（一二四二）、後嵯峨天皇が即位の直前、使用するはずの冠が盗賊によって破壊されていることが判明、正倉院に伝来する御冠が都に運ばれた。急を要するあまり各部素材の流用が行われたのか、正倉院へ戻されたときは金銅の装飾、水晶、真珠、珊瑚、羅などがばらばらに解体された状態だった。

正倉院事務所（当時）の木村法光氏は、即位式に使用する冠の手本とするため出蔵したが、還納の途上で破損、原型をとどめない状態となり、そのまま一括して宝庫に保存されたものとし、同じく成瀬正和氏は後代の事件で破損して、その部品を一括したものと記しているが、現状を見るかぎりでは偶発的な事故による損壊とは思えない。

和田先生を長に編成された分析チームの調査結果は『正倉院年報第十四号』に収められた。対象となった真珠はすべて海産の天然真珠で、大半がアコヤガイ産だが、比較的大きなアワビ真珠、輝きのない真珠層構造以外の真珠も少量含まれていた。その多くは不整形で、大きさも長径四ミリを超えるものは少なく、三・五ミリが標準的であることも明らかになった。

様々な形状の穿孔《せんこう》がなされており、真珠も他の宝玉類と同様の工房で細工が行われたことを想像させる。この時、正倉院事務所のご配慮で、「犀角如意《さいかくにょい》」と「衲御礼履《のうのごらいり》」を先生と共に間近に見る機会に恵まれたのも貴重な経験だった。

これら実物以外にも真珠に関する記録は多数伝わっている。「造佛所作物帳」（七三四年）には水晶、琥珀《こはく》、瑠璃《るり》と並んで真珠四三〇七枚、二二二四枚が用いられたことが二ヶ所にわたって記載され、「出雲国計会帳」（七三四年）に真珠三十顆、「仏像雑具請用帳」（七五五年）には真珠三九六とあり、それらの使用目的が儀式、荘厳《しょうごん》などであったことを窺わせる。

真珠の供給体制や工房、工人の存在など未知の事柄も多く残されている。

和田先生の名前が少し一般に知られるようになったのは太安萬侶《おおのやすまろ》墓の真珠が発見された時ではないか。昭和五十四年（一九七九）、奈良市田原地区此瀬の茶畑から木炭槨墓《かくぼ》が発掘され、人骨とともに四個の真珠が出土。墓誌から太安萬侶（～七二三年）の墓と認められ、真珠が彩りを添えて話題となった。最大五・五ミリから三ミリ×一・八ミリ（残欠）で、養殖研究所の賢島分室に在籍されていた和田先生がそれらの調査分析に加わった。

真珠に火の跡がないところから、火葬後の埋葬時に木棺内に意図的に入れられたもの、いずれも良質の天然真珠で、産地限定は難しく、あえて近隣地に求めれば志摩はその候補のひとつ、という所見が明らかにされた。この四個の真珠は橿原考古学研究所の博物館で見ることができる。

以上の二件の外、あまり知られていない報告に「柳原家宅地跡出土賢瓶」の調査がある。賢瓶《けんびょう》とは元来、菩薩、特に観世音菩薩の持物で、地鎮具として用いる場合には中に五宝、五穀、五薬、五香を入れ、敷地中央に埋納する。平成十一年（一九九九）八月、京都御所内の発掘調査で江戸時代の公家屋敷跡から出土した賢瓶は高さ十四・三センチ、重さ六二〇グラムの蓋付の金属容器で、中から一ミリ前後の小玉三十八個が発見された。当時、三重大学名誉教授だった和田先生の材質同定で小玉はすべてアコヤガイの真珠であることが明らかになった。象牙玉、水晶玉などと一緒に五宝の一つとして納められたと見られる。

いずれも数少ない日本の真珠遺物の貴重な分析記録である。これらは和田先生の膨大な業績からみればごく僅かな事例ではあるけれど、真珠分野における文化史と分析科学の橋渡しの先駆けとして記憶しなければならない。

和田浩爾『真珠　そのできる仕組みと見分け方』全国宝石学協会、一九八二年

松平乗昌『図説宮中柳営の秘宝』河出書房新社、二〇〇六年

『正倉院年報第十四号』正倉院事務所、一九九二年

成瀬正和『日本の美術４３９正倉院宝物の素材』至文堂、二〇〇二年

『太安万侶墓』橿原考古学研究所、一九八一年

『京都市埋蔵文化財研究所調査報告第二二冊』京都市埋蔵文化財研究所、二〇〇四年

平安時代の真珠事情　『延喜式』

延長五年（九二七）に完成、康保四年（九六七）に施行された法典『延喜式』に

「十五　内蔵　諸国年料供進　白玉一千丸　志摩国所進　臨時有増減」

「二十三　民部　交易雑物　志摩国　白玉千顆」と、真珠の調進に関する記述がある。二件合わせて年間二千個の真珠を納めるように定められているが、真珠の大きさと重さ、品質に関しては何等規定は見られない。

そもそもアコヤガイからどれほどの率で真珠が現れるのか。永井龍男は『幸吉八方ころがし』（一九六三年）で、真珠業界の長老小林万作から聞いた明治の志摩の話として「一万個の母貝を剥いて、二十五匁のケシが採れればよし」としている。

ケシは業界用語で微小の真珠を総称していう。植物のケシの種は〇・五ミリから一ミリ未満。その名を受けたケシ真珠もおよそ一ミリ前後と考えれば良い。重さでいうと二ミリの真珠は一個当たり約〇・〇〇三匁で、三ミリでは〇・〇一匁。小林万作翁のいう一万個の貝から採れる二十五匁の真珠は三ミリ珠なら二五〇〇個、二ミリなら八三〇〇個にもなる。

正倉院宝物に含まれる標準的な真珠の大きさは三ないし四ミリで、一万個といわず、二万でも五万でも貝を剥けばそれに応じて珠が出現し、中から比較的大きな真珠を千個選び出すのはさほど困難ではなかったと想像できる。アコヤガイの生息状況や人間の関与度を考えると、古代は真珠の出現率も大きさも後世より勝っていたかも知れない。

現地の真珠貝採取は海女の集団作業で行われただろう。他の海産物と一緒に荷造りされ、伊勢から都に向かう街道を経て運ばれたものか。

これらは役所に納める品だったが、同じ『延喜式』巻四の十二「東西市司」には都における市場についての記述がある。なかでも東市五十一店の中に珠店と玉店があると記される。玉店が管玉や勾玉を扱ったとすれば、珠店は真珠専門店で、店頭では伊勢志摩から運ばれた価値の高いアコヤガイ真珠を筆頭に、琵琶湖や巨椋《おぐら》池の淡水真珠など各種取り揃えていたかも知れない。真珠店としては最古の記録と思われる。祈祷の際の五宝のひとつ、神仏への供え物、あるいは貴人への進物として需要があったのだろう。

供え物の事例としては天暦七年（九五三）、斎王徽子《よしこ》女王が近長谷寺《きんちょうこくじ》に白玉一丸を施入したことが「近長谷寺資材帳」の財産目録中に記されているという。近長谷寺（三重県多気郡）は木造十一面観世音を本尊とする真言宗の山岳寺院。真珠の大きさや形状は不明だが、財産として評価されたことが窺える。

真珠は外国への土産品として選ばれることもあった。今と事情は変わらないようだ。藤原道長（九六六〜一〇二七）の日記『御堂関白記』長和四年（一〇一五）七月十五日の条に、入唐僧念救が宋へ帰朝するに際して、道長から天台山大慈寺に贈られた品の中に真珠のあったことが記録されている。

木患子《むくろじ》念珠、螺鈿《らでん》蒔絵の厨子、蒔絵の筥《はこ》、貂《てん》の毛皮の衣、砂金などと一緒に「大真珠五顆」が挙げられている。果たしてどれくらいのサイズだったのか。正倉院宝物中には比較的大きなアワビ真珠が確認されているが、あるいはアワビに特有の牙のような形をした珠だったかも知れない。真珠は螺鈿、毛皮、砂金などと肩を並べるほどの貴重品だった。

真珠を外国の土産として用いる例は他にもある。鎌倉時代後期に成立したと考えられる『百錬抄』は公家の日記などの諸記録を編集・抜粋したものだが、承保三年（一〇七六）の記述に「六月二日諸卿於殿上。定申大宋国返信物事。或云可遣和琴。或云可遣金銀類。或云可遣細布阿久也玉」とある。

白河院の御代。宋の使いに託す品は何が良いか、宮中の高官たちが集まってそれぞれ意見を述べている。和琴か、金銀の類か、あるいは細布かそれとも阿久也の玉か。細布は細い糸で織った上質の麻織物。阿久也の玉はあこやの玉、すなわち真珠。いずれも当時の日本が誇る特産品だ。そうした真珠を供給したのが都で活躍する商人たちだった。

藤原明衡《あきひら》『新猿楽記』（十一世紀後半）は、商人の主領・八郎の真人が扱う本朝の品物として金、銀、阿古（久）夜の玉などを挙げている。同じく『雲州消息』（十一世紀後半）第一九六通に「（前略）通天の犀を以て、明月の珠を求む。勢州の蚌、胎んで件の珠を産するものなり。早く便脚に付して、求め給うべきなり。（後略）伊勢守殿　太宰大弐」とある。

貨幣経済が発達しなかった当時にあって、伊勢の真珠が「明月の珠」と呼ばれて、交換価値の高い重要な産品として知られていた様子が窺える。真珠を生む貝は勢州の蚌《ほう》、すなわちドブガイやハマグリなどの二枚貝とされ、個別の名前は知られていなかった。この頃からあこや（阿久也、阿古夜）の名称が見られるが、あこやは貝の名称ではなく、真珠そのものを指し示す言葉として現れる。

朝鮮高麗王朝（九一八～一三九二年）の記録『高麗史』の一〇八七年七月の記事に「日本国対馬島元平等四十人高麗東南道に至り、真珠・水銀・宝刀・牛馬を贈る」とある。また一〇八九年八月に「日本国大宰府商客、高麗に至り水銀・真珠・弓箭《きゅうせん》・刀剣を贈る」。一〇九三年七月には「高麗安西郡護符轄下延平島巡検軍、日本人十九人・宋人十二人乗り組み、弓箭・刀剣・甲冑・水銀・真珠・硫黄・法螺を積みたる海船一艘を捕う」とあり、交易品として真珠が用いられたことを示している。

また、同一〇七九年の記事に「壬申耽羅勾當使尹應均献大真珠二枚光曜如星時人謂夜明珠」とある。耽羅《たんら》（済州島）といえばアワビの名産地で、その使いが献じた夜明珠の名を持つ「大真珠二枚」はアワビ真珠ではなかったか。

現在、三重県南伊勢町の水産研究・教育機構に保管されている大村家伝来のアワビ真珠も「夜光の真珠」と呼ばれる。色も輝きもその名に相応しく、もし進物として使うなら、これ以上のものはなかったと想像される。

『古事類苑』地部1　吉川弘文館、一九八一年
虎尾俊哉『延喜式』吉川弘文館、一九六四年
永井龍男『幸吉八方ころがし』筑摩書房、一九六三年
『斎宮歴史博物館』総合案内　一九九一年
山中裕編『御堂関白記全註釈　長和四年』思文閣出版、二〇〇三年
重松明久校註『新猿楽記　雲州消息』現代思潮社、一九八二年
森克己『日宋貿易の研究』国立書院、一九四八年

価値を知る者と知らぬ者　『今昔物語』

日本の真珠の価値を知る手がかりとして『今昔物語』は示唆に富む。以前、拙著『真珠の博物誌』で取り上げたが、もう少し詳しく読んでみよう。

博多の貞重という人物が上洛することになった。宇治殿と知人への進物として宋の商人の品物を六～七千疋分ばかり借り、その質として太刀十振りを預けた。

都での用事を終え、船で帰る淀の浜。小舟の物売りが貞重の従者に近づき、玉を買わないかという。それは大きな大豆ほどもある真珠だった。従者は着ていた水干と交換で入手する。

博多に戻り、主従は商人のもとに帰国の挨拶。従者は相手の家来の男に真珠を十疋で買わないかと持ちかける。すると、相手の表情と態度が変わった。これは価値があるものと見て交渉を留保するが、その話が主人たちに伝わり、差し出さなくてはいけなくなった。

真珠は商人の手に渡り、その見返りとして貞重が預けてあった太刀十振りがそのまま返された。つまり、従者の真珠一個で決済が終わったということだ。一粒の真珠にそれほどの価値があったのだろうか。

富裕な豪族貞重が宋の商人から借りた物とは何か。京で挨拶に参る相手の宇治殿とは平等院を築いた藤原頼道（九九二～一〇七四年）で、この話の時期は十一世紀半ば。貨幣経済が充分行われず、米と絹が当時の交換の中心軸を成していた。疋は銭を数える数助詞で銭十文に相当したという。

十世紀中に日宋貿易が始まると博多は大陸に開かれた町となり、宋の商人はここに居を構え、手広く商売を営んだ。香料、陶磁器、織物、宋銭などは舶来品として大いに人気を博し、そうした商品から貞重は太刀十振り相当分を土産に選んだことになる。

宋との貿易で真珠が主要品目のひとつだったことは、森克己『日宋貿易の研究』に記されている。平安時代の法典『延喜式』にあるように、真珠は志摩国から税として納められており、それらは国家の貴重な財源で、公的な流通管理のもとに置かれていたと考えなければならない。

淀の真珠売りはそういった正規のルートから外れた存在だった。大きな大豆ほどというのは八ミリ程度と考えれば良いだろうか。だが、見せられた従者はその価値を知らず、売る側も自らの品が貴重なものであることに無知だった。従者は着ていた水干との交換を申し出、それで商談は成立した。水干とは当時の庶民が着ていた簡単な衣服で、たとえば今日のパーカあるいは軽いジャケットといったところか。気の変わらぬうちにとばかり、物売りは急いで側を離れるので、従者は損をしたのではと後悔した。

注釈に従えばこの真珠は「あこやの玉」だが、アコヤガイの真珠かどうか、疑わしい。伊勢志摩産の真珠は前述のように税の対象だった。そこで大きな真珠が出れば話題となるはずで、それがはるばる淀川にまでたどり着き、川を行き来する一介の物売りの手に渡るとは思えない。近代のことだが、志摩の海女が大きな天然真珠を採取すると、親戚を呼んでご馳走をふるまい、近くの寺社にお礼参りに出たという。とすれば、この真珠はそもそも価値がわからない人の間で偶然に採取され、物売りの手に入ったと考えなければならない。淀川は琵琶湖水系で、イケチョウガイやカラスガイなど淡水真珠貝の生息域である。

さて、貞重の従者が商人の家来に代価として提示したのは十疋だった。その真珠一粒で貞重が借りた六〜七千疋相当の支払いが済んだのだから、六百倍から七百倍。水干が今日の手軽なパーカとして三千円と仮定すれば、真珠の評価は二百万円前後になる。しかも、宋の商人は件の真珠にそれ以上の価値を見出していたわけで、本国で転売し、どれだけの利益を得たことか、想像に余りある。

同様の逸話は十三世紀初頭の『宇治拾遺物語』中「玉の値はかりなき事」にもみられる。前半はほぼ同一だが、後半に「たうしせうず」なる人物が日本で六十疋の絹と交換した真珠を持って国に戻り、五万貫に売ったという話が続く。百疋は一貫なので、六十疋が五万貫になるのは実に八万倍以上であって、『今昔物語』の貞重が真珠ひとつで七千疋（七十貫）の代価を返したのは驚くことではないと結んでいる。

価値を知る者と知らぬ者の間で起こる、大陸由来の類型的な話だが、真珠取引の面白さはこんなところにあるのかも。

森克己『日宋貿易の研究』国立書院、一九四八年
『今昔物語集（三）』（日本古典文学全集二三）小学館、一九八五年
波多野和夫「真珠産業の展開」『志摩の民俗』吉川弘文館、一九六五年

御神宝の真珠　久米武夫『宝石学』

伊勢神宮の御神宝中にある真珠について、いままで公にされた記録を見てみよう。

まず平成十七年（二〇〇五）発行の『第六十一回神宮式年遷宮記念　御神宝特別展』図録に「御白玉　附楊筥《やなぎばこ》　八一丸　皇大神宮御料　重量凡一六一グラム　白玉といえば真珠のことである。この真珠は総数八一丸を中分して各々を白絹につつみ、楊筥二台に納める。髪飾りに用いられたものであろう。楊筥は赤地唐錦の折立で、藍と紅の色紙が添えてある」と写真入りで掲載されている。

同図録の解説には、九世紀の初頭に成立していた御神宝装束の調進はその後の式年遷宮中絶や統治機能の停滞などにより内容が変化し、明治二年（一八六九）の式年遷宮まで本来の姿とは異なった形で続けられていたと記される。

御木本幸吉の義弟で宝石学者だった久米武夫の『通俗宝石学』によれば、昭和四年（一九二九）の第五十八回式年遷宮に備えて、品目調進のあり方を是正するための公的機関として「御装束神宝古儀調査会」が置かれ、その調査結果に基づき神宝装束の奉献が行われた。

同書に「昭和四年の秋伊勢太神宮式年御遷宮に臨み神前へ奉献せられたる諸品の中に、我が国産の真珠が加えられている。この真珠は銀白色正円形の養殖真珠を以ってせられ、其の数八十一個目方四匁三分一厘であった」とある。これは上記調査会の調査結果を受けたものと思われ、久米は神宮儀式課長からの聞き取りに加えて以下の文献を根拠に挙げている。

『延喜式太神宮部　太神宮装束部』中の記述。

「白玉一両三分　中分裹白絹　盛白筥二合　方一尺　納生絁袷嚢」

『長暦送官符』中の記述。

「白玉八十一丸、重一両三分中分裹白絹各二尺　納白筥二合　方一尺深二寸　納生絁被嚢三枚（後略）」。

ここで『太神宮装束部』および『長暦送官符』の記述に基づき八十一個、一両三分の真珠を吟味すると次のようになる。

一両＝十匁、一匁＝十分である。従って一両三分は十・三匁。これを八十一個で除すればおおよそ〇・一二七匁で、その重さの真珠の大きさは六・七五ミリに相当する（養殖真珠の場合）。

上記の久米の記述に従い、昭和四年の遷宮時に奉納された真珠八十一個、四匁三分一厘を同様に計算すると一個あたり〇・〇五匁となり、これは五ミリ珠に相当する。昭和四年当時にあっては神宝として本来求められた六・七五ミリの真珠は大珠といって良く、調達に困難があったことが想像される。

しかし、久米が昭和二十八年に著した『宝石学』は「銀白色真円形の養殖真珠で、その数八十一個、目方は昭和二十八年第五十九回式年遷宮の御料は八匁六分と承っている」と記されている。これに従えば、八十一個で八匁六分、すなわち一個〇・一〇六匁の真珠はおおよそ六・五ミリで、これで古文献にある大きさに近づくこととなった。同書には、この真珠は御木本幸吉が自家の養殖場で生産したものを精選の上、奉献したと記されている。

なお、冒頭にあげた神宮徴古館の図録に見る真珠八十一個約一六一グラムを計算すると一個あたり一・九八七グラムとなり、〇・五三匁である。これはおおよそ十一ミリの真珠に相当するが、アコヤガイ養殖真珠でもまれに見る大きさである。シロチョウガイ真珠を使えば揃えることは不可能ではないが、図録に掲載された写真の印象と合わない。

仮に小数点に表記の誤りがあったとして、十六・一グラムとすれば一個当たり〇・〇五三匁で五ミリ見当の真珠となり、昭和四年時の大きさと合致する。

古文献に見る八十一個一両三分、すなわち六・七五ミリの天然真珠をそれだけ撰んで揃え、納めるのは容易な仕事ではなかっただろうと想像される。それが御神宝の所以といえばその通りだが、見方を変えれば遷宮は二十年の期間を置いて行われるので一年で四個を確保すれば八十一個にはなる。それでも調達には困難が伴ったのか、再び久米の同書によれば室町時代以後、約二十回に及ぶ式年遷宮には水晶の玉を以て真珠に代えたという。

御木本幸吉の養殖真珠の登場は、御神宝の原初の姿を再現する上でも大きな役割を果たしたことになる。伊勢神宮への崇敬心が人一倍強かった幸吉にしてみれば本望だったに違いない。

神宮徴古館農業館『第六十一回神宮式年遷宮記念　御神宝特別展』二〇〇五年
久米武夫『通俗宝石学』丸善、一九三〇年
久米武夫『宝石学』風間書房、一九五三年

秘匿された真珠の知識　『厚生新編』

水産学者で金魚研究の第一人者だった松井佳一博士の『真珠の事典』は八〇〇ページ近い大著。収められた情報の広範なことでは他に類を見ない書物だ。

たとえば第Ⅳ章「真珠の処理加工および利用」に薬用の事例があり、ここにChalmotの著として『厚生新編』のことがさりげなく紹介されている。「真珠は大いに心気を起し、精神を強壮にする効あり」と始まる数行で、効能を説いた部分を引用している。このくだりを見る限りでは、医学あるいは薬学書の紹介かと読み飛ばしてしまいそうだ。ところが実はこの書物には真珠の様々な情報が含まれている。そのあたりを取り上げてみよう。

『厚生新編』は重訳で、その原本はフランスのノエル・ショメル（一六三三〜一七一二）が著した『家事百科事典』である。松井博士が著者をChalmot（シャルモ）としているのはオランダ語版の翻訳者名で、文化八年（一八一一）、幕府の天文方に設置された蛮書和解御用という役所で和訳が進められた。作業にあたったのは馬場貞由、大槻玄沢、大槻玄幹、宇田川玄真、宇田川榕庵、小関三英、湊長安、それに箕作元甫。いずれも一流の蘭学者に仕事が引き継がれ、弘化二年（一八四五）まで三十五年近くを費やした訳業である。

『厚生新編』は昭和五十三年から翌年にかけて復刻版が出版され、今では大学図書館などで閲覧できる。真珠に関する記述は第六十五巻雑集にあり、小関三英の訳、宇田川榕庵の校閲を経ている。

まず、冒頭「真珠　蚌の肉中に在る者最上とす。殻の裏面に固着するもの是に次く」と遊離真珠と付着真珠の優劣を紹介する。蚌《ほう》はドブガイやカラスガイなどの淡水二枚貝と、ハマグリのような海水産二枚貝の双方を示す場合があるが、ここでは漠然と真珠貝全般のことらしい。次いで「真珠の生じる理を説く者ありと雖も謬妄多し」と、古代ローマのプリニウスが『博物誌』で記述した「蚌、毎朝水上に浮かびて殻を開き、気中の霧露を吸取して此物を凝成す」という説を退けている。「蚌は総て巌石に固着して決して水上に浮ぶ事がないから」というのがその理由。

原本の『家事百科事典』を著したショメルはパリに生まれ、神学校長や教区長を経てリヨンの司祭になった人で、日常の知識を総合した書物があれば便利だろうと考え、百科事典の編纂に取りかかった。一七〇九年、七十六歳のときに初版刊行。人生の集大成である。

続いて以下のような記述がある。「『レアウミュル』曰く真珠は他の獣類の膀胱、腎臓等に生ずる結石に同じ。結石皆獣の病にして其起源體中の脈管破裂し其により一種の水液溢れ出でて膜中に包まれ漸く凝固して石質となるなり。特に蛤蚌並に蝸牛の如き其殻皆体中に含蓄する所の石質の粘液より成る。然るに若し此の石質の粘液過多なる時は体中の空隙或は膜間に溢れ出して結石を為す　是即ち真珠なり」

真珠は動物の結石と同じで、貝の体内で過剰な分泌物が固まったものという。この結石説は十六世紀半ばにフランスの解剖学者ギョーム・ロンドレが提唱したアイディアで、成因に関する最初の科学的な見方といって良い。

ここで「レアウミュル」と表記されたルネ・レオミュールはフランスの科学者で、化学、物理学、それに昆虫学での業績が今日まで継承されているが、真珠についても断面を顕微鏡で観察し、研究を行ったことが知られている。

ショメルの『家事百科事典』は一七〇九年刊行なので、引用したレオミュールの見解もまだロンドレの結石説に留まっている。ところが、それから間もない一七一七年、レオミュールはフランス科学アカデミーで、真珠は貝殻と類似した薄い真珠質が同心円状に形成された「球形の貝殻」という新しい知見を報告する。十年足らずの間に真珠研究は次の段階へと進んでいったのだ。

『厚生新編』が真珠生成に触れた箇所は以上で、続けて人種による真珠の色の好み、真珠の価値、採取地の事情を述べる。

「真珠を採る業　百爾西亜（ペルシア）海湾中真珠を採る業を以て最も名を得るは『バハレム』島なり。波爾杜瓦児（ポルトガル）人『オルミュス』『マスカッタ』の地を奪い取し時は『バハレム』島の真珠の利益、波爾杜瓦児人に属せしが百爾西亜の君長、諳尼利亜（アンゲリア）人の援に因て「オルミュス」を取り反し、叉亜辣比亜（アラビア）人『マスカッタ』を取りてより以来『バハレム』島の真珠の利益再び百爾西亜の君長に属したり」というようなペルシア湾の覇権を巡る経緯、現地での貝の採取方法と時期を列挙する。

その後に真珠の効用が述べられ、『真珠の事典』はこの箇所を引用している。真珠の洗浄方法、真珠の模造方法などが続き、最終ページは牡蠣の真珠の話だ。細かい真珠を大きくする方法など眉唾の記事もある。ショメルにしてみれば実生活に役立てるつもりで項目を立てたのだろうが、真珠に関する限り、残念ながら『家庭百科事典』のタイトル通りの内容でしかない。

この『厚生新編』は幕府に献上された後、秘匿され、蕃書調所、開成所を経て静岡県立葵文庫に収蔵、昭和十二年（一九三七）まで日の目を見ることはなかった。開成所は東京帝国大学の源流のひとつで、同大学動物学教授の箕作佳吉にとって本作は祖父・箕作元甫が加わった訳業だが、仮に一読する機会があったとしても真珠の成因研究に益するところは少なかったと思われる。

松井佳一『真珠の辞典』北隆館、一九六五年
菊地俊彦編『厚生新編4　巻55―70』恒和出版、一九七八年
石山洋「厚生新編解題」菊地俊彦編『厚生新編索引（別巻）』恒和出版、一九七九年

cafe 1

「あこや」と「しらたま」

鳥羽志摩地区に、真珠を思わせる名称を持った菓子として「あこや」がある。鳥羽を含めてしまったけれど、正確には志摩市で複数の餅菓子屋が作っているだけだ。もっとも地元スーパーチェーンの店頭に時折並ぶので、隣接の伊勢市でも買うことができる。

このたび求めたのは志摩市船越の大黒屋製菓と磯部町の竹内餅店の製品。それぞれ五個がパックに入って三五〇円也。志摩市布施田の丸八餅店にも同様の品がある。

米粉の皮に包まれた餡入りの扁平な団子で、表に赤、緑、黄色の小さな飾りが添えられる。餡は漉し餡。皮の舌触りなど味わいは店によって違いがあり、好みがわかれて共存しているのだろう。大黒屋製菓のホームページによれば、「あこや」は古くから地元祭礼の贈答やお盆のお供えに用いられた餅菓子で、三色の飾りは五穀豊穣、表面の凹凸は志摩の海の波、米粒は真珠を意味しているという。

同じ体裁の菓子は三重県中勢の亀山市にもあり、「志ら玉」の名前で東海道の宿場町・関の名物となっている。こちらは一個百円。志摩の「あこや」同様に赤、緑、黄の三色が添えられ、餅生地の白色とあわせて四季を表すという。

熊野市にも「志ら玉」があるが未見。写真では上用饅頭のように背が丸く、三色の飾りが見当たらない。

また、尾鷲市の須賀利《すがり》地区ではお盆の霊供膳として十三日の昼に落ち着き団子を供えるが、これを「あこや」という。餡入りで、あの世からのご先祖様の長旅をねぎらう甘味だ。写真で見ると菓子の真中に×が記され、盗み食いしようにも憚《はばか》られる。

昭和四年の『宇治山田市史』には伊勢市にこの名前の餅菓子があると記されているが、いずれの時に絶えたものか。

一方、関西方面で「あこや」は雛祭に欠かせない菓子として知られる。季節限定で店頭に並ぶので、旅行者には馴染みが薄いかも知れない。扁平の餅の上に餡が露出しており、餅の一方が丸く盛り上がって成形された特殊な形状だ。京都の老舗和菓子店ではそれぞれの伝統を引き継ぎ、意匠を凝らした「あこや」を作っている。この突起部分については、餅を丸める際に引きちぎったまま置いたことでこのようになったといい、「引千切《ひきちぎり》」の名前でも呼ばれる。端を丸く成形して真珠に見立てるか、あるいは貝殻の蝶番と見るか、いずれにしても真珠貝を意識した形状であることは間違いない。

けれども「あこや」はもともと貝殻のことではなかった。

虎屋文庫の中山圭子さんは『和菓子おもしろ百珍』のなかで、『日葡《にっぽ》辞書』の記述を引き「あこや：米の粉で作った小さな団子の一種」と紹介し、十七世紀当時は甘い餡が広まる前で、真珠のように小さな団子をそう呼んだのだろうと考察している。元禄十二年成立の契沖『円珠庵雑記』に「伊勢には、女のわざに小さく美しき団子を売り歩くとて、あこやあこや召さぬかという由、ある人語り侍りき。あこや玉に似たる故に、名を移せるなるべし」とあり、上記の裏付けとなっている。

その後一般に小豆餡が出回るようになる。団子で甘い餡を包み一体化すれば菓子としては魅力的だが、必然的に体積は大きくなり、小粒の真珠のイメージから遠くなってしまう。そこで扁平にして餡を外に置き貝殻に似せる工夫を凝らして「あこや」の名跡を受け継ぐことにした。元々の小さく美しい団子は真珠の別名「しらたま」を名乗り、あずき一族とコンビを組んで「白玉あずき」としてあこやを上回る知名度を誇るようになった。

「あこや」の名称については諸説あるようだが、個人的に一番納得できるのは「吾子や」。つまり吾が子よ、と愛おしい対象に向かっての呼びかけとした谷川士清《ことすが》の解釈（『和訓栞』）で、真珠研究の先駆者西川藤吉もこの説を採用している。小さな美しい真珠を愛おしく捉えた先人の豊かな感性を思うべし。京都の「あこや」と関の「志ら玉」、志摩の「あこや」がどのような関係にあるのか、他の地域にこの名前の菓子が伝わっているのかなど興味は尽きない。

いずれにしても、真珠の産地あるいは集散の地であった伊勢や志摩は、餅菓子にもその名前を留めるほど真珠が身近だったといえるだろう。スーパーの片隅に並ぶ「あこや」がその伝統を継承していると考えれば、もう少し光を当ててやっても良いように思える。

三重県『美し国みえの食文化』二〇〇七年
宇治山田市『宇治山田市史』一九二九年
中山圭子『和菓子おもしろ百珍』淡交社、二〇〇一年
契沖「円珠庵雑記」『日本随筆大成』吉川弘文館、一九七三年
三澤薫生編『谷川士清自筆本　和訓栞』勉誠出版、二〇〇八年

第二室　天然真珠から養殖真珠へ

真珠で財政再建　佐藤信淵「鳥羽領経緯記」

九《く》鬼《き》嘉隆《よしたか》の築いた鳥羽城を中心に五万六千石を領した鳥羽藩は、その後の御家騒動で九鬼氏が三田と綾部に領地替えになってから内藤、土井、大給、板倉、戸田と城主が次々交代、稲垣家三万石で幕末を迎える。

　鳥羽は藩政が安定しなかったため、領民との間に親密な感情が芽生えることはなかったといわれ、その上、天災や飢饉が続いた幕末の頃には藩の財政は相当逼迫していたようで、村借りや富豪への御用金などで凌いでいた。これを憂いた鳥羽領伊勢中馬《ちゅうま》村の商人竹口信義は、父の直兄《なおえ》（黙浄）と懇意だった農政学者の佐藤信淵《のぶひろ》に鳥羽藩財政の立て直し方策を依頼、それを受けて執筆されたのが「鳥羽領経緯記」だ。

　佐藤信淵（一七六九～一八五〇）は出羽の生まれ。十六歳で江戸に出、宇田川玄随に入門して蘭学を修め、諸国を巡ってさまざまな藩の財政再建策を提言した。天保十二年（一八四一）に著された「鳥羽領経緯記」で佐藤信淵は上級藩士の懶惰な生活態度や江戸屋敷での過剰な出費を戒め、藩の総収入と総支出の額を算定して、今でいうプライマリーバランスの重要さを説いている。そして地元産品の生産を奨励して収益をあげることを提案しているが、その中に真珠に触れた箇所がある。

「御座と浜島の間なる内洋より上品の真珠を生じ、伊勢真珠としてその名世に高し、然れども其の産僅かにして土地を潤すに足らず」と特産品としての重要性に触れ、「宜しく饆饠《ひちら》の法を用いて多く出さしむべし」と謎のような言葉を続けている。

鳥羽藩の所管する英虞《あご》湾で産出されていた真珠の用途は、今日のように装身具ではなく薬種だった。それらの天然真珠は民間の手によって流通したと思われ、藩の関与をあらわす記録は残っていない。地元に残る古記録には真珠に関する記事がほとんど見当たらないが、伊勢真珠あるいは志摩真珠はブランドとして国内一円に通用したことが当時の薬学書あるいは薬の効能書から窺える。

ちなみに最高の評価は伊勢真珠で次が志摩真珠、三位は長崎産の大村真珠で、いずれもアコヤガイが主だが、あるいはアワビが含まれていたかも知れない。他には尾張真珠、水戸真珠などがあり、尾張はアサリ、またはイガイ、水戸は霞ヶ浦が近いことから淡水のカラスガイだったかと推察される。伊勢と志摩は隣接しているが、英虞湾のある志摩は鳥羽藩の領地。その西方で真珠の採れる五ヶ所湾は伊勢国で、こちらは紀州藩に属する。佐藤信淵は「鳥羽藩経緯記」で御座と浜島の間に出る伊勢真珠といっているが、鳥羽藩の域内なので本当は志摩真珠というべきところか。

一方、肥前大村藩では、湾内で採取される真珠は藩主大村家の管理下にあった。大村藩は真珠貝の保護と育成を図り、採取は藩営事業として行われた。真珠を一定の額で商人に払下げ、あるいは長崎で取引したといい、これは藩の財政に大いに寄与したことになる。

広く国内を巡り、そういう事例を知っていたに違いない佐藤信淵は鳥羽藩も真珠を増やす工夫をして、藩の財政に役立ててはどうかと提案するのだが、これを竹口父子が稲垣侯に進言したのかどうか。そもそも、真珠を多く産出させる方法など誰も知るわけがない。佐藤のいう饆饠《ひちら》は『類聚名物考』によると団子や餅菓子を指していう言葉で、粉を捏ねて団子を丸めるようにして真珠を作れと、冗談めかして煙に巻くしかなかった。

仮に進言を受けた稲垣侯が興味を示して学者を集め、貝と真珠の研究を指示していたとしたらどうなっただろうか。近世の伊勢は優れた本草学者を輩出した土地柄なので、日本の真珠研究は違った道を歩んだかも知れない。

結局、鳥羽藩は真珠に着目することなく幕末を迎える。佐藤の掛けた「饆饠の法」の謎は宙に浮いたが、その後半世紀を経て、鳥羽の饂飩《うどん》屋「阿波幸《あわこう》」の御木本幸吉によって解かれることになる。

考えてみれば、饂飩の製造も粉を捏ねて麺にするので、佐藤のいう「饆饠の法」の一種といえなくもない。饂飩屋から真珠商への道筋を、佐藤信淵の慧眼は見通していたかのようだ。

岩田貞雄「鳥羽藩」『新編物語藩史第七巻』新人物往来社、一九七七年

佐藤信淵「鳥羽領経緯記」『佐藤信淵家学全集（中）』岩波書店、一九二六年

高倉一紀『伊勢商人竹口家の研究』和泉書院、一九九九年

山岡俊明『類聚名物考』近藤活版所、一九〇四年

豪商が集めた真珠　海住春彌『櫛田川と多気町文芸史』

秋の日の午後、伊勢の河崎を散歩。ここは江戸時代、伊勢の物流を担った勢田川に沿って発達した問屋街で、江戸末から明治の家並みが残る。

古民家の何軒かは改修されカフェや雑貨店になっているので、そぞろ歩けば安閑とした時間が過ぎてゆく。同じ伊勢でも宇治内宮前のおはらい町はハレの賑わいだが、こちらには山田と呼ばれた頃の日常がひっそりと息づいている。古書店もあり、立ち寄って本棚を眺めるのも楽しい。

ネット古書店は探索するには確かに便利だが、本の匂いを嗅ぎながら思いがけない一冊に出合う喜びはリアル書店ならではのもの。その古本屋「ぽらん」は地元に関する本棚が充実していて、今回は三冊を仕留めた。隣の喫茶店に入り、コーヒーを飲みながら紙包みを解く。

入手した中の一冊が海住春彌著『櫛田川と多気町文芸史』。先年物故された多気町の碩学が編んだ郷土研究書で、櫛田川流域、中でも相可《おうか》の文化について教えられる。松阪市と多気町の境を流れる櫛田川。その右岸を占める相可は伊勢本街道が通る交通の要衝として栄えた町だ。対岸の射和《いざわ》、中万《ちゅうま》と共に商業が発達し、大店《おおだな》は江戸にも進出、いわゆる伊勢商人の本場のひとつといえる。旧国道四十二号の両郡橋を中心に古い町並みを良く残しており、散歩にはうってつけの地域だ。

その相可の豪商だった大和屋西村家の十一代広休《ひろよし》は本草学者としても知られる。天保元年（一八三〇）、十五歳のとき京都に遊学。小野蘭山の高弟山本亡羊の元で研鑽を積むこと十八年に及んだ。呉服と両替の家業は有能な番頭に委ねて趣味に精を出す典型的な旦那の生き方だ。およそ学芸は商業が盛んな土地に発展する。江戸時代の相可や射和の繁栄が偲ばれる。広休の大師匠小野蘭山は『本草綱目啓蒙』を著して日本の実情に即した本草学を展開。「日本のリンネ」と呼ばれる大学者で、学問の系統としては申し分ない。

西村広休のメインテーマは本草学の主流である植物研究で、屋敷近くに薬草園を運営するほどだった。動物、鉱物についても幅広い関心を寄せ、貝類に造詣が深かったという。同書の第五章第十一節には広休の収集品として真珠がいくつか記載されている。

真珠「弘化四年二月求之　淡菜真珠　中津浜甚助」
真珠貝「文久三年正月廿日　淡菜珠　湯を経者」
ハマグリシンジウ「嘉永元年十二月　時雨蛤ヨリ　文蛤珠」
ホダガキ「天保十三年五月廿六日」石決明珠
カキ牡蠣珠「嘉永二年三月三日」紫海蛤珠

例えば最初の一行の淡菜はイガイ（貽貝）で、その珠を五ヶ所中津浜（現・南伊勢町）の甚助なる人物から求めたことがわかる。三番目の時雨蛤からのハマグリ真珠は広休の食膳に現れた「お食み出し」だろうか。最後の紫海蛤はヒオウギか、あるいはオオアサリとして知られるウチムラサキの珠かも知れない。入手年月日と入手先を記録しているのでコレクションとして体裁が整っている。

このような自慢の収集品を持ち寄って披露する集まりが薬品会で、江戸時代、各地で開催された。趣味に生きるお大尽同士が話に花を咲かせたのだろう。そして何よりも、自身が暮夜ひそかに収集品を手のひらに置き、矯《た》めつ眇《すが》めつ眺める様子が目に浮かぶようだ。イガイの貝殻内面は真珠層なので、それなりに輝きはあったはず。

真珠の楽しみは第一にその美しさを愛でるところにある。装身具として身を飾るだけでなく、真珠そのものを小箱に収めて、時折、手に取り弄《もてあそ》ぶという扱い方があっても良い。これなら男女を問わず楽しめる。

西村広休の集めた様々な書物や標本類は翁の没後、博物学者で「日本の博物館の父」といわれた田中芳男の手に移ったが、関東大震災で灰燼《かいじん》に帰した。ただ、これらの真珠や貝などは西村家に現存している、と海住先生は記されている。実物を見る機会があるかどうか、ともあれ、この書物を通じて江戸末の真珠愛好の一端を思い描くことができた。嬉しいことだ。

海住春彌『櫛田川と多気町文芸史』私家本、一九九三年
松島博『近世伊勢における本草学者の研究』講談社、一九七四年

信州の宿屋に旅人が残した珠は　西川藤吉『真珠』

古くからの真珠商なら、社長室の本棚に西川藤吉の『真珠』があるかも知れない。

西川藤吉は明治七年（一八七四）、大阪生まれ。東京帝国大学理科大学動物学科を卒業して水産調査所に勤務した頃から真珠に関心を抱いたという。同三十三年、英虞湾に発生した赤潮を調査。この時に御木本幸吉が大学に協力を求め、これが縁で西川は幸吉の次女を娶ることになった。

今日の施術に用いられる貝の外套膜《がいとうまく》を用いた「ピース式」を考案し、真珠養殖技術の基礎を築いた人物だが、残念ながら三十五歳の若さで亡くなった。業績を知る主な手がかりとして遺稿集『真珠』は大変重要な文献といえる。同書には『動物学雑誌』に掲載された論文が収められており、中には短いエピソードもあって学者の寛いだ様子が感じられる。

たとえばこんな話はいかが。

漢方医が真珠を薬用に用いるようになって、装飾に向かないアサリ真珠のようなものでも多少市場に流通するようになったのだろうか、と前置きして神奈川県の石井直方という人物の見聞を紹介する。

石井氏が信州松本に遊んだ折、一軒の宿に逗留した。その宿の主人が四方山の話に、以前ひとりの旅人が投宿して思いがけず病の床に伏し、予定外の長期滞在をしたという。

ようやく病癒えて出立しようとしたが宿泊料が足りない。そこで彼は持っていた「白色の小石の如きもの一升許を袋に入れた」のを「命よりもと大切にせるもの」といって宿賃の代わりに置き、後日、金を持って来るまでの担保にした。けれどもその後、旅人からは何の連絡もない。やれやれ騙されたか、と宿の主人は客の置いていった「小石の如きもの」をしげしげと見るが金目のものではなさそうで、盆石、というのはお盆の上に石や白砂を使って風景を作り出すジオラマといえば良いのか、その材料にと、小分けして知己に配り、石井氏もそのお裾分けに与った。

石井氏からその「小石」を受け取り、西川藤吉が検査すると「確かに真珠にして歪球形のもの多く、小豆位のものを最大とし大きさは不揃い」で、カキでなければアサリかウバガイの光沢のない珠だったと述べ、このような珠を一升ほども集めるなど容易なことではない、と話を結ぶ。

さて、この話は薬種としての真珠が流通していた実態を窺わせる証言と読むことができる。というのも、信州から越後にかけては目薬「真珠散」の生産地であり、この旅人は実は薬種の商人で、この地方を行商している途中だったのではないか。

江戸から明治時代に最も知られていたのは越後の竹山祐卜《ゆうぼく》が製造販売していた「御夢想真珠散」だった。これは三河国峯薬師（鳳来寺山）の御夢想すなわち夢のお告げによって処方を授かったとする目薬で、実際に真珠が処方されており、細菌性の病気から外傷、ビタミン不足や眼球そのものの機能障害まで万能の目薬として用いられた。簡単に医者にかかることが難しかった庶民にとって、売薬は唯一の頼みの綱だったのだろう。

「真珠散」は原材料として用いた真珠の産地によって値段が異なり、一番廉価な尾張真珠製は五日分で銀三分、最も高価な伊勢極精製は十三日分で金一歩。計算すると価格差は五十倍ほどもある。このうち尾張真珠はアサリやイガイの珠で、水戸真珠はおそらくカラスガイあるいはドブガイなど淡水産二枚貝のもの。

志摩珍珠、伊勢珍珠、伊勢別精や伊勢極精製の実体はアワビあるいはアコヤガイの真珠で、別製や極精製の違いは精製加工上の差ということか。ともかく、ここでは伊勢真珠が最上級のブランドとして了解されていることがわかる。

竹山祐卜家は越後熊ノ森（今の上越市）で代々「真珠散」を製造販売してきたが、四代目祐卜は販売のネットワークを全国規模に拡大し普及に努めた。竹山家の「真珠散」以外にも信州上田に「真珠散雲切かけ薬」、越後の「雲切真珠散」、三州足助「御目洗薬」、奥州仙台「御目洗薬真珠散」、信州伊那に「明々真珠散」「明ニ龍珠散」など多数あり、それらの素材として真珠を持って各地を行商していた人の姿が浮かんでくる。

行商人は当然ながら客の必要に応じる様々な種類の真珠を揃えて持っていなければならない。そこで先の旅人。宿賃はこの程度、と踏んだのか、高価な「伊勢真珠」や「志摩真珠」は出さず、比較的価値の低いアサリの「尾張真珠」を置いて行ったに違いない。

西川新十郎編『真珠』一九一四年

海女だけではなかった真珠採り　『三重県水産図解』

明治以前の真珠採取については文献資料が乏しく、漁の実態を知ることは容易ではないが、明治十六年（一八八三）に三重県勧業課が博覧会出品のために制作した『三重県水産図解』には真珠採りの様子が詳しく記録されている。

原本は三重県の有形民俗文化財で、昭和五十九年（一九八四）に鳥羽市の海の博物館が復刻、今では図書館などで閲覧できる。明治十年代の漁法、漁具、魚介や藻類など獲物の実態の解説に加えて、見事な観察眼で描かれた美しい色彩の挿画は見飽きることがない。

まず、アコヤガイ採取の時期は五月から七月が良季であることを述べ、その方法には三種類あることが記される。真珠採りといえば海女の潜水によると思いがちだが、それだけではなかった。第一は小舟から小桁網を曳く方法、第二が海女の潜水によるもので、第三に舟から海中を覗いてヒシで突き採る方法が紹介されている。どの漁法が主流なのか語られていないが、多様な手段で真珠貝が採取されていたことがわかる。

海女による採取が行われていた志摩の布施田《ふせだ》村では六〜七月頃、小舟一隻に漁婦七〜八人から十四～五人が乗組み、それぞれ磯桶を携えて漁場に至る。腰に縄を纏《まと》い、一端を磯桶に結んで、カリ棒と呼ぶ採取道具を手に潜水、雑藻の中を探り、暗礁に付着する貝をカリ棒で起し、採るという。

この記録は明治十年、明治政府勧業局による全国規模の水産調査がきっかけで、同十二年に水産調査書としてまとめられ、三重県はそれをもとに十四年、東京上野公園で開催された第二回内国勧業博覧会に『三重県水産図説』として出品。さらに調査を加えて、同十六年の第一回水産博覧会で公開したのがこの『三重県水産図解』である。

実際の調査に基づいているため、アコヤガイの生態についても「そもそも真珠貝は樹木細根の如きもの数條有りて岩礁に附着し重累して団塊を為す故に一塊を起さば数個の貝あるものなり」というようなリアルな記述が可能だった。「樹木細根」のようなものは足糸《そくし》で、貝の分泌液が海水中で凝固、他のものに附着して安定を図る機能がある。

布施田が海女の漁だったのに対して浜島村は「二～三人乗りの小舟で漁場に出て、海中を窺い、岩礁に附着する貝をノミで撞き離し、ヒシを以て突採る」とあり、これは男子の仕事とされた。こうして浜へ戻ったあとは小刀で貝の殻を開き、肉を探り、珠を取り出す。さらに、珠に大小があって、大きなものを食《くわ》え珠と呼ぶこと。これは必ず肉と貝との間に見られること。芥子珠、連玉珠といって肉中に含まれるものは小粒であることなど、重要な記述が続く。また、珠には金銀二色があり、近年は銀色が尊ばれて価格も高く取引されること、そして真珠採りの仕事は「百貝に一珠を得ざるもあり、又幸いにして十中に二三珠を得るもあり　珠の大小善悪に於るも亦然り」とその不確実さを述べて、真珠を取ったあとの貝肉は「煮乾となし食用に供す」るが「然れども味わい美ならざるものなり」としている。

　編著者早田秀純が繰り返し述べる「真珠の大なるものは肉中に非ずして肉外薄膜の如き中にあり　之を食え珠と称し上等とす　肉中に在るものはすべて小珠の下品なり」という解説は、外套膜《がいとうまく》中に真珠が形成されることを正確に見極めている。

　また、貝の繁殖についても「該貝は蕃殖速かなるものにてたとえ多獲為すも盡滅するものに非ず」と資源の枯渇する恐れのないことを述べ、「此の貝は一夜停泊する處の碇綱に着くこと間々ありこれ甲乙地を換るの証と云えり」と足糸を離して移動する様子を記している。

　真珠採取を生業とする漁民が貝の生態はもとより、真珠の入っている場所を正確に把握していたことは考えてみれば当然といえる。シーボルトが聞き取った大村湾の漁民も真珠は貝の「外膜」にあることを知っていた。

「肉外薄膜」すなわち外套膜中に形成されるという記述は真珠形成の最大のヒントを与えられているようなものだが、その細胞に着目して移植、真珠を得るという方法に到達するまでにはもう少しの時間が必要だった。

『三重県水産図解』光書房、一九八四年復刻

真珠養殖の夜明け前　「真珠介ノ説」

昭和四十年（一九六五）に刊行された松井佳一博士の『真珠の事典』は今もなお存在感を失わない。この本、出典文献の紹介が多いのはありがたいが、記事に誤植が散見するので引用には注意が必要だ。最近では国立国会図書館のデータベース検索が容易になり、出所の確認をすると思わぬ発見がある。

以下に取り上げる「真珠介ノ説」は明治十六年（一八八三）に高松数馬という人物が大日本水産会の会合で行った発表の記録で、同会報告の十三（明治十六年三月）に掲載された。『真珠の事典』は養殖技術登場以前の知見を理解する上での文献と位置付けている。ウェブ検索が可能になる以前はたどり着くのが難しく、もどかしい思いをしたものだ。

高松数馬は『大日本人物名鑑』によれば安政五年（一八五八）の生まれというから御木本幸吉と同い年。明治十六年に海軍省御用掛、その後は火薬製造の専門家として業績を残している。明治三十九年に水産講習所の講師として捕鯨法を教授した経歴を持つものの、水産方面で特段の業績を残したわけではない。高松が「真珠介ノ説」を発表した頃は水産資源の利用を論じたシモントス（Simmonds）『海産編』の翻訳出版、大日本水産会設立と、日本の水産に対する関心が高まりを見せた時期だった。真珠に思いを巡らせたのは血気盛んな若き日の所産というべきか。

「真珠介ノ説」は「真珠は宝石の一にして種々の修飾に供し其価格極めて貴く実に貴重なる水産物の一なり」という一文から始まる。色や形、大きさによる評価に触れて、真珠を生む貝の種類を紹介、高価な真珠を生む貝としてアコヤガイ、ドブガイ、それに名前はまだ確定していないがカワシンジュガイの三種を挙げている。

ここで高松数馬は田中芳男の名前を出して、北海道での調査の様子を述べているのが興味深い。田中芳男は「日本の博物館の父」と呼ばれた博物学者で、この頃は水産博覧会幹事と審査長の要職にあった。欧州に産する真珠貝の縁種が北海道にも生息することは知られているが、それらが果たして真珠を生むのかどうか、まだ誰も確かめていない。

そこで前年の秋、田中芳男が北海道へ出張する機会に「該介に真珠の有無を実験せられんことを」依頼したところ、田中は貝を集めて一々点検、数十個の真珠を得たが「皆微細にして世に益するもの殆どなかりき」という結果だった。けれどもこの貝が真珠を生むことが判ったので、他の川にも可能性のある貝が生息しているかも知れない、などと述べている。二十歳も年上の学者に調査を依頼するとは高松数馬もなかなかの心臓だが、時代の雰囲気だったのか。それとも田中芳男の器が大きかったのか。自由研究の手伝いを父親に頼む小学生のような無邪気さだ。

それに続き高松は肝心の真珠の成因について、まず寄生虫説を紹介するが、寄生虫のいない水域でも貝は真珠を生むことがあるので、その関与に疑問を呈している。

そして真珠袋を発見したドイツの学者ヘスリングの所説を「其氏の最も精細なる試験に由れば真珠の生ずるは体外及び体内の二原因に帰すものにして或いは木砂等の類体内に入り若くは皮質となるべき分子体中に於て遂に真珠の核となる」と紹介。続いて「古来人工を加えて真珠を産せしめし事少なからず或いは介殻を負傷し或いは穿孔し叉は他物を体内に入れて真珠を形成せしむる事あり」と中国で行われた方法に言及する。

その方法に基づいてヘスリングが石、金、玻璃《はり》、象牙で球体を作り、現地の川に生息する淡水二枚貝を用いて実験、一年後に取り上げたが「核の周囲に石灰質を得たりと雖も不潔黄色等の如き概ね着色物にして良品を得る能わざりき」と失敗に終わったことを伝える。

一方、我が霞ヶ浦産の二枚貝は仏像真珠を作る中国産と同属なので、その方法で可能かも知れないともいう。

ヘスリングは真珠の形成に真珠袋と呼ばれる嚢胞《のうほう》が関与することを指摘したが、その真珠袋ができる仕組みまで解明してはいない。美しい真珠を得られなかったのは残念だが、もう一歩のところまでは近づいていた。

この後で高松は一個の貝から得られる真珠の数、様々な色の出る原因の考察に触れ、海産真珠貝の資源保護に話題を移す。不思議なのは淡水貝では真珠養殖の可能性を議論しているにも関わらず、海水産のアコヤガイについては、その真珠の産業上の重要性をいいながら、ひたすら貝の資源保護に終始している点だ。繁殖期の捕獲を戒め、生育条件の良い海域への移植などを提案するだけで、真珠養殖の対象としてはアコヤガイを見ていないように読み取れる。

高松数馬の講話が終了すると質疑応答に手を挙げたのが海軍省の柳楢悦《やなぎならよし》。まず、真珠の有無は貝の外観から判断できるかと問い、続いて真珠は人工を以て養殖が可能かを質す。高松は、不可能ではないが良い結果を得ることはできない、と慎重な答えを返す。

後に御木本幸吉の仕事を応援することになる柳楢悦が、この時すでに真珠養殖に関心の眼を向けていること、高松数馬は勉強熱心だったかも知れないが、実践の人ではなかっただろうなど、講演録から真珠養殖前夜の興味深い情景が浮かび上がるようだ。

大日本水産会報告13　雑誌「大日本水産会」（国立国会図書館デジタルコレクション）

松井佳一『真珠の事典』北隆館、一九六五年

『大日本人物名鑑』ルーブル社出版部、一九二二年

山下悦夫『寰瀛記―小説柳楢悦』東京新聞出版局、二〇〇五年

箕作先生の温かいまなざし　箕作佳吉の書簡①

真珠養殖の可能性を御木本幸吉に示唆、指導した東京帝国大学の箕作佳吉《みつくりかきち》はカメの発生やナマコの分類学的研究、臨海実習の指導など「近代日本動物学の父」の名にふさわしい数々の業績を上げ、広く動物学の応用にも関心があった。

真珠に触れた研究成果は残っていないが、留学を通じて数々の海外文献に接し、真珠形成について多くの知見を蓄えていたことは間違いない。箕作の常識が幸吉にとっては新しい知識だった。

幸吉が最初に箕作と出会ったのは明治二十三年（一八九〇）、第三回内国勧業博覧会の時で、大日本水産会幹事長だった柳楢悦《やなぎならよし》が仲立ちをした。その後、幸吉は三浦三崎にある大学の臨海実験所に招かれ、一週間にわたって教えを受けた、と伝記にある。柳の紹介とはいえ、一介の海産物商人を研究の拠点に招き入れ一週間も指導するというのは、よほど御木本幸吉に人を惹きつける魅力があったのか、それとも箕作佳吉の面倒見が良かったのか。

その後も二人の交流が続いたことを裏付ける書簡がある。箕作佳吉から幸吉宛て。幸吉の返事の下書き。そしてそれに対する箕作佳吉の返信の計三通である。要約してご紹介する。
明治二十六年八月二十八日消印の手紙で箕作は時候の挨拶を述べた後、「この頃は充分ご試験かつご採獲と存じ、結果いかがかとご出京を相待ち」と養殖の進み具合を尋ねる。
そして「先年帝国ホテルにて一口に沢山お売りありしウイッグモール氏が帰国後思うように真珠売捌けざりしため種々の難題を申し掛けハウス氏もホトホト閉口」していること。その上でウィッグモールに真珠を販売する以前に横浜商館で真珠を売ったことがあるか、あるとすれば何番館で、その日時、目方、代価、仲介人の有無を教えて欲しいと先方から催促があったという。

幸吉が相手によって売価を変えたのではという嫌疑をかけられたわけだが、これについては仲介したハウス氏も困っており、そのような事実のないことを証明するのが良いのでは、と伝える一方で、ウィッグモールの無茶ぶりには驚く他はないと同情を寄せている。

この手紙から、明治二十六年以前に幸吉は真珠養殖実験を行いつつ、横浜の外国商館を通じ、あるいは箕作佳吉の紹介を得て天然真珠の売買を行っていたことがわかる。

名前の挙がったハウスと箕作佳吉は旧知の間柄である。箕作は明治三年、慶應義塾に入塾。五年に大学南校（東京大学の前身）に移った。ここで英語を指導した教師がE・H・ハウス（Edward Howard House）だった。

ハウスはニューヨーク・トリビューン紙の通信員として明治四年に来日、大隈重信ら多くの知己を得たが同六年、病気のため一時帰国する。このとき箕作にアメリカ留学を勧め、一緒に海を渡った。ハウスはその後に再来日、様々な交際の中で日本の真珠が話題に上ったとしても不思議はない。ハウスは真珠を求めるアメリカ商人を、箕作は日本の真珠商人御木本幸吉を引き合わせたということになるだろうか。

そこに降って湧いたこのクレーム。幸吉はさっそく返事をしたためる。当然、手紙は先方にあるはずだが、下書きが返信に添えて残されていた。一体に幸吉の筆跡は読みにくく、加筆修正のため不明の箇所もあるが、大意は以下の通りだ。

まず時候の挨拶のあとで「真珠介試験の義追々相運び居り、人工真珠はすでに形を造り申し候。九月下旬上京の節、ご覧に供し申すべく候」と養殖の結果を伝えている。半円真珠の成功が明治二十六年であることを実証する記述だ。

続く本題で、幸吉はウィッグモール以前に外国人に対して真珠を販売したことがあったが、その詳細は商人同士の信義に基づくことであり、明かすことはできない。日本の真珠の相場は外国商館などに問い合わせればわかることで、ウィッグモール氏の申し出はお断りしたいという趣旨を述べている。

誠にもっともな回答で、箕作も九月六日付の返信で同意している。ただし、そのままを文章で伝えると誤解を生じる恐れがあるので、次回上京の際にゆっくりと説得してはどうか、決して急ぐ必要はないと安心させ、その上で「人造真珠試験の模様如何也ご出京の上、承らんと今より楽しみお待ち居り候」と結んでいる。

箕作先生が親身になって幸吉に接していたことを物語る手紙といえよう。養殖真珠の成功を見守る師の温かいまなざしは幸吉にとって百人力とも映ったに違いない。

玉木存『動物学者　箕作佳吉とその時代』三一書房、一九九八年

売り手市場だった明治の天然真珠　箕作佳吉の書簡②

明治二十年代、天然真珠商として御木本幸吉は海外向けの販路を開拓、売り込みを図る一方で養殖の実験を開始する。引き続き、博物館所蔵の文献からその周辺の動きを見てみよう。

明治二十七年（一八九四）七月十五日付の幸吉宛書簡で、箕作佳吉は時候の挨拶を述べてから次のように続ける。「さて今日ハウス氏より来状中に、過日来貴君が例の真珠売却については一方ならざる奔走をなし、且つ終に全金を返戻したるは実に賞嘆すべきの至りなれば以後も成るべく貴君のために尽力し、貴君の得意増すようになさん」

「例の真珠売却」とは何か。ここで前年の手紙にあったウィッグモールからのクレームが思い浮かぶ。幸吉から買い入れた真珠がアメリカで思う様に売れず、値段設定に疑念を抱いた末の無理難題だったが、あるいはその後の顛末を指すのだろうか。この文面からは詳細が読み取れないが、ハウス氏がそう伝える以上は海外取引で起こったトラブルに違いない。それをどのように解決したのか、ハウス氏は幸吉の奮闘努力に感嘆し、これからも得意先を増やそうという。

この書簡で箕作佳吉がハウス氏からの新たな依頼として伝えてきたのは、米国公使館と、来日中の米国婦人からの真珠の注文だった。公使館からは指輪用の一個とシャツの前飾りにするための真珠三個。合計四個の「大真珠」で、指輪用は「甚だ大たる」もの、シャツの前飾り用には同じ大きさで純白が望ましいという。これは恐らくスタッズ（取り外し可能の留めボタン）かと思われる。箕作先生は幸吉が理解しやすいようにと思ったのか、シャツのイラスト入りで指示しているのが微笑ましい。

今一つ、アメリカ婦人の求める指輪に用いる真珠二個は完全な球体でなくとも良く、金色を帯びていても構わないという。そこで「右はいずれも三ゲレーン（グレーン）以上の珠なること願わしき由」といい、箕作先生は「一ゲレーンは○分一七三なれば三ゲレーンは○分五一九、即ち五厘二毛程なり」と我国の度量衡に換算、五厘二毛という数字を示している。これを今日の養殖真珠の重さとサイズの対照表で見れば五ミリほどに相当する。

そしてその「代価は一個に付き廿五円より五十円或は其より以上にても宜しと云ふ」とあるが、どの程度の価値なのか。比較のために一例を挙げる。俳人正岡子規は明治二十五年の年末に日本新聞社に入社。その際の月給は十五円だった。翌年から二十円、二十七年には三十円、三十一年には四十円に昇給したというから、求められた真珠の価格はおよそ子規の月給の範囲と見て良いだろう。そのサイズはいかにも小さいが、天然真珠の五ミリはそれほどに評価される大珠だった。また「もし貴君にて右を買入れ持来るに金子差支えれば、同氏より百円乃至二百円位は二ヶ月間位は貴君に用立ても宜しと云ふ」とハウス氏は当座の資金繰りにも配慮している。

以上が伝言だが、箕作先生は「公使館は随分好き広告にもなれば奮発して珠を尋ね、成るべく注文に応ずる様なされたくと存じ候。もし珠ありて如何と思案する位の疵なれば電報を以てハウス氏迄問合わされても宜しかるべし。兎も角も奮発すべき時なり」と激励を忘れない。

その後の収蔵庫の調査で、ハウス氏が直接、御木本幸吉に宛てた書簡が確認できたのでご紹介する。日本人が代筆した年代不明の二通で、宛名は神木本と誤記されている。「最上品銀色壱粒につき三分以上の真珠御座候はば、手前方にて買い上げたく候間、何とぞお寄せ集めの上、春御出京の節御持参下されたく。値段は過日米国へ見本としてお送りの分と同じ割合にて宜しく候。右はウィグモール氏（ママ）売買の外に候間、左様ご承知願いたく候」として、一粒三分の最上の銀色真珠を求めている。重さ三分は九ミリほどで、アコヤガイの天然真珠としては異例の大きさ。ハウス氏はウィッグモールとは別の販売ルートを持っていたらしいこともわかる。

次の書簡は大口の注文だ。「銀色真珠上等品（壱粒に付五厘以上目方）沢山買上米国へ送り呉れとて、金子も最早同地より参り候間、御出京前に相当の品見当り候はば沢山御持参下されたく、此段頼み入り候」。

ここでいう五厘の真珠は公使館からの注文同様三グレーン（五ミリ）ほどになる。天然真珠として高く評価される大きさだったことが窺えるが、数を揃えるには相当の「奮発」を必要としたはずだ。

岩崎爾郎『物価の世相100年』読売新聞社、一九八二年

相まみえぬ二つの秘宝「軍配扇」『新版 雅・美・巧』

令和二年の五月から八月にかけて東京の渋谷区立松濤美術館で「真珠・海からの贈りもの」と題する展覧会が開催された。ちょうど新型感染症が拡大、緊急事態宣言の時期だったため上京の機会を逸してしまったが、展覧会自体は好評だったようだ。同時に発行された図録はA五判で一三〇ページほどの小ぶりな体裁ながら、美しいカラー図版が多数含まれ、展覧会の内容を伝える冊子として貴重な記録となるだろう。

図録中、松濤美術館の平塚泰三氏は「天下人たちの夢を彩った真珠の輝き」と題して日本の真珠史を概観、桃山時代と江戸初期に伝来した「真珠付純金団扇」と「真珠貝玉箱」を取り上げて詳述している。前者は豊臣秀吉所用と伝わる軍配団扇で、純金製の団扇の枠に緋色の紗を二重張にし、その上に金糸で二本の樹木と八株の笹を縫い、その樹皮や葉に三百あまりの天然真珠を縫い付けた豪華な一品。後者は百四十一個の真珠を散りばめた金銀線細工の箱で、こちらは徳川家康遺愛の品だ。いずれも名古屋の徳川美術館所蔵となっていて、文字通り天下人が愛した、日本に伝わる数少ない真珠工芸品として常に引用される。

団扇の由来をもう少し詳細に記す。

慶長三年（一五九八）、伏見城で六十三歳の生涯を閉じた豊臣秀吉が所有した宝物は徳川家に移り、元和二年（一六一六）、家康の死後、その多くが京都の妙法院に喜捨されることになった。天保三年（一八三二）、妙法院は方広寺大仏殿の再建費用捻出のため、所蔵する遺品を公開、その際に刊行されたのが『豊公遺宝図略』と題する冊子で、六十四件の宝物が紹介されている。このうち「黄金真珠唐花軍配扇」として図示されているのが、文禄五年（一五九六）、豊臣秀吉が明の皇帝神宗から文禄の役の講和の印として受け取った品だ。

さて明治時代。御木本真珠店は博覧会出展の機会にプロモーションとして人目を引く工芸品を制作、その最初の作品が「軍配扇」だった。明治四十年（一九〇七）、上野公園を会場に開催された東京勧業博覧会を伝える新聞記事がある。

「東京博覧会第二号館に御木本真珠店より陳列したる豊太閤軍配扇の模型あり。軍配扇の本物は太閤秀吉が朝鮮から得たもので、久しく京都妙法院に珍蔵したるを明治十三年帝室に献納、御物となり三十四年東京帝室博物館に於て公衆の観覧を許された。御木本幸吉は日本産の真珠を用いて模造せんと図り稲葉、股野琢諸氏の賛同を得てその目的を達した（「大阪時事新聞」四月十六日より要約）。

団扇が公開された事実について東京国立博物館に問い合わせたところ、明治三十五年の第三回特別展覧会に「御物軍配扇豊臣秀吉所用」として展示された記録があるといい、新聞記事とは齟齬《そご》がある。ともあれ、博覧会場で団扇を見たであろう幸吉の脳裏に閃くものがあったに違いない。帝室博物館総長の股野琢に願い、間近に実見することができた。

御木本金細工工場が築地に創設されたのは明治四十年四月のことで、博覧会の開幕は三月だったから、「軍配扇」は金細工工場の前身だった市川源次郎工場の時代に構想、制作されたものだろう。

ここで注意しなければならないのは、帝室博物館が公開したのは京都妙法院から皇室に献納された御物だったことだ。この団扇は現在も東京の三の丸尚蔵館に収蔵されている。同館の所蔵名品図録『新版　雅・美・巧』（平成十五年）の上巻一三二ページに掲載された「真珠付団扇」がそれで、写真で見る限り美しい状態を保っている。同館によれば「大変繊細な作品であるため」保存を重視し、展示には活用していないという。

『真珠・海からの贈りもの』で平塚氏が紹介したのは徳川美術館に収蔵されている「真珠付純金団扇」で、こちらも前述の通り豊臣秀吉所用と伝わる。ただ、『豊公遺宝図略』には御物となった真珠付団扇しか掲載されていない。家康の死後、多くの宝物が妙法院に喜捨される際に一握は徳川家に留め置かれたということなのか。
つまり、真珠の付いた団扇は二握が現存するのだが、徳川美術館が所蔵する団扇は柄に龍文が打ち出しで表されているのに対し、三の丸所蔵の団扇の柄は無文で、刺繍の図柄も微妙に異なっている。御木本が制作した軍配扇の柄には文様がなく、妙法院伝来の一握を手本としたことが改めて立証される。どちらも緋色の紗が張られているのを御木本は古代紫を用い、団扇の周囲に真珠をあしらって独自の工夫を施した。当時の説明によれば五一五個の天然真珠と二九〇個の養殖真珠を用いたという。

これらとは別に三の丸尚蔵館には「瑞鳳扇」という美術工芸品が収蔵されている。昭和三年（一九二八）の御大礼に際し、御木本真珠店が制作、三重県が献上した長柄の団扇で瑞雲と鳳凰を配した綴錦に、真珠は桁違いの一六〇〇個余りをちりばめた華麗な一握だ。原型は法隆寺蔵の童形聖徳太子が手にする団扇という。この「瑞鳳扇」は今まで数度公開されたことがあり、保存状態は極めて良好と見た。

三の丸尚蔵館の「真珠付団扇」は公開されず、徳川美術館の「真珠付純金団扇」も常設展示では見かけない。「瑞鳳扇」と共に三作品が一堂に会するというような機会がないものか。そこに御木本の「軍配扇」も加えれば今までに見たことのない展覧会が実現する。

徳川美術館『徳川美術館の名宝』一九九五年
京都国立博物館『妙法院と三十三間堂』一九九九年
三の丸尚蔵館『新版　雅・美・巧』二〇〇三年
京都国立近代美術館『皇室の名品　近代日本美術の粋』二〇一三年
渋谷区立松濤美術館『真珠・海からの贈りもの』二〇二二年

日本の博物館の父と真珠研究　『田中芳男伝』

先に高松数馬が北海道へ出張する田中芳男に淡水貝の調査を依頼した件に触れた。田中芳男の名前は一般に広く知られているとは思えないので、ここで紹介しておく。

天保九年（一八三八）、信州飯田の医師田中家の三男として誕生。安政三年（一八五六）、十九歳で名古屋に出て、蘭学者伊藤圭介の門下で蘭学、医学、本草学を学び、師に従って幕府に出仕、物産調査、それに外国書の翻訳などに従事する。その後はパリ、ウィーンの万博に派遣され、滞在中の経験から博物館の重要性を認識、殖産振興、それに博物館の創設に尽力した。伊勢市の倉田山に現存する神宮農業館は田中芳男が理想を実現すべく設立した、日本最古の産業博物館である。

田中は「自然の物産をいかに人類に役立たせるか」という視点で農業館の展示を構想し、明治四十四年（一九一一）の時点で収集資料は一万七千点を数えた。「日本の博物館の父」と称されるにふさわしい人物だ。

高松数馬が大日本水産会で「真珠介ノ説」の講演をおこなったのが明治十六年。田中芳男伝の年譜で裏付けを取ると、その前年、明治十五年九月に北海道奥羽地方を視察する、と記されており、この時に高松から調査を依頼されたことがわかる。

田中は奥羽の川でも調査を行い、採取した貝から真珠を発見した。

明治四十四年の『農業館列品目録第二版』を見ると、第三三水産物類の貝標本に北海道苫小牧と岩代産として「川貝」があり、真珠の項目には北海道産蚌真珠と記されているので、これがこの時の成果。蚌《ほう》は二枚貝の総称だが、おそらくカワシンジュガイの真珠と思われる。ちなみにカワシンジュガイの名称は大正二年（一九一三）、舞子貝類館の発行した『日本貝類写真帖』に岩川の名前と共に写真入りで記載されていて、知る限りではこれが最初か。岩川は明治末から大正にかけて『日本産貝類標本目録』編纂の大事業を成し遂げた岩川友太郎で、日本貝類学の開拓者である。

さて、田中芳男が初めて御木本幸吉の養殖場を訪れたのは明治三十三年で、すでに幸吉の半円真珠養殖は軌道に乗っていた。従って、それ以前、草創期の幸吉の事業に田中が関与した可能性は低いと思われるが、田中の伝記を見ると明治二十一年、高知県の福島喜三郎が持ってきた真珠貝を大井村の平村九兵衛に紹介し、品川沖に真珠貝の放養をおこなってみたとあり、この人もまた大日本水産会の幹部にふさわしく、真珠貝の増殖に関心を抱いていたことがわかる。けれども田中芳男の目的は農業、林業、養蚕、水産と様々な分野での殖産興業で、真珠貝の増殖に本腰を入れるようなことはなかった。このあたりが総合職と専門職の違いだろう。

明治三十九年九月の『東洋学芸雑誌』第三百号に、田中は「貝ノ話」と題する東京学士会院での講演録を載せている。真珠について触れた箇所もあるが、その多くは江戸時代の知見によるもので、養殖についても依然として中国の仏像真珠の紹介に留まっている。一方で幸吉の養殖場の規模や真珠の用途に言及しているにも関わらず、養殖技術研究の最先端をまったく無視している点は解せない。講演の主題が貝なので、貝殻の利用に話題を絞ったのかも知れないが、一方では当時の真珠養殖の技術は相当に秘密化しており、田中芳男といえども正確に把握することが難しかったとも考えられる。

伊勢の地を愛した田中芳男は、人脈の形成という点で御木本幸吉に大きな恩恵をもたらした。最初の訪問では小松宮彰仁親王を養殖場に伴い、事業の隆盛を宮様に紹介したし、それが契機となって親王渡英の際の土産として御木本の真珠が選ばれた。更には素材としての真珠販売から幸吉が装身具製造に舵を切るのも、小松宮一行が持ち帰った海外の情報によるもので、その後の真珠店経営に大きな影響を及ぼしたことは特筆して良い。

　また、田中芳男の孫である田中正男は大正十二年に御木本真珠養殖場に入り、紀州の田辺湾養殖場と五ヶ所湾養殖場で外套膜を利用して真珠を形成する方法を研究、実践している。その後、多徳養殖場の運営や八重山とパラオ養殖場でのクロチョウガイ施術にも携わり、大珠の産出など今日の技術形成の一端を担った。記憶すべき人物だ。

みやじましげる『田中芳男伝』顕彰会、一九八三年

『日本貝類写真帖』舞子貝類館、一九一三年

『農業館列品目録第二版』一九一一年

『東洋学芸雑誌』第三百号　一九〇六年

持つべきは竹馬の友　門野重九郎書簡と『平々凡々九十年』

　御木本幸吉が養殖真珠を海外に向けて売り出そうとした時に力を貸したのが同郷の門野《かどの》重九郎《ちょうくろう》だった。門野家は代々鳥羽藩の重臣で、重九郎の兄幾之進《いくのしん》は千代田生命の創始者として知られ、福沢諭吉とも交流があった。

　慶応三年（一八六七）生まれの重九郎と幸吉とは年が離れているが、幾之進は安政三年（一八五六）生まれで、幸吉は「兄の方の友達だった」と自著『平々凡々九十年』で述べている。けれど「しばしば小舟にのせて貰って、鳥羽港内をあるき廻った」とあるので、弟分の扱いだったか。

　重九郎は慶応義塾を卒業後にアメリカで土木工学を学び、帰国後は山陽鉄道から大倉組に入社。財閥の中心で活躍することになる。幸吉は英国での商売を考えるに際して大倉組のロンドン支店に勤める重九郎に相談した。その経緯を記した書簡が三通、真珠博物館に保管されており、養殖真珠に対する海外の反応を知ることができる。

重九郎がロンドンに着任したのが明治三十一年（一八九八）六月九日。幸吉は渡英以前に商売の意思を伝えていたのだろう。七月二十四日横浜に到着した重九郎の手紙は六月二十四日の日付で、わずか二週間の間にロンドンの真珠事情を調査したことがわかる。

重九郎は（真珠は）「白、銀、黒、紫、紅など大小差支えなく売れる」と販売の可能性に触れ、大倉組を通さず、個人同士の取引を提案している。その上で運送の方法や、売れ残った時の処置など具体的に述べ、互いの信用があって成立する仕事と意欲を見せている。

それを受けて幸吉から真珠が届くと、重九郎は大倉組の仕事の合間にロンドンの宝石店を巡り歩く。そして一年後の明治三十二年五月十日、幸吉のもとに手紙が届いた。

「拝啓早速御返事申上げるべき処、取紛れ遅延御許下されたく候。御書面並びに養殖真珠十二個正に落掌。直に当地にて第一等と申すベンソンと申す飾屋に相見せ評価及評論を望み、同時に同人にて一手買入れを欲せば或は他に売り渡さざる様に製珠家に協議すべき旨相通じ候」とある。ベンソンは恐らくJ・W・ベンソン商会で、時計を主に販売していたが、同時にジュエリーも扱っていた。

あとで重九郎は「懇意の店」と述べているので、時計や紳士用品をここで求めていたのだろう。同店が一手販売をしてくれるなら日本の製珠家、つまり幸吉に他には廻さないよう相談する、と強気を見せている。しかしベンソンからは「何分真正物を取扱い評判高き店ゆえ、かかる品を扱うを欲せざる旨」回答があった。

ここでいう真正物とは天然真珠のことだろう。そこで重九郎が「懇意の店ゆえ、種々相尋ね」たところ、日本真珠は表面が完全でなく、この養殖真珠もまたその表面の凹凸が甚だしいとセイロン産天然真珠との差を指摘された。さらに真珠層が薄く、核を抜いて裏面に貝板を張るのは素人の目には良いかもしれないが無用の事で、その仕上げも荒く、殻に付いていた方を削り、精巧な研磨機を使って出来るだけ球形に近づけなければいけない、と散々。

たしかに面白い商品といってくれたものの、結局ベンソンへの売り込みは進展せず、別の真珠専門の商人に見せたところ、やはり同様に裏側の処理に問題があるという意見だった。けれど交渉次第でこの店に原価の五割増し程度には売れる模様なので、もし商談が成立すれば他の国はともかく、英国ではここを特約にすると口約束をした、と重九郎の営業姿勢はなんとも積極的だ。

追伸として「当地真珠は引続き高価にて、真正物も御送付相なり候はば、売試し申すべく候。黒や紫など面白きものよろしからんか」といい、「もっとも金に用うるもの多数ゆえ白色最も多き様に御座候」と、ジュエリーに使われる金との色の相性にまで言及、本職顔負けの洞察を見せている。

幸吉にすれば養殖真珠が海外でどう見られるかを知りたい気持ちがあったにしても、さすがにここまで欠点を指摘されるとは予想外だっただろう。けれど、それは加工技術の話であって、養殖真珠自体が認められなかったのではなかった。

その後、三十二年九月二十日の手紙で「去日、金百余円御送付申上候。御落手と存じ候。養生真珠または真正真珠（大なれば形は構わず）試売の為め御所有品これ有り候はば御送付如何か。可成急を要し候。当地真珠市価甚だ宜敷。書留郵便（手紙として）にて御送付最便と存じ候」と嬉しい知らせが届く。

手紙を読んだ幸吉の脳裏に、子供の頃、小舟に乗って一緒に海から鳥羽の城を眺めた重九郎の横顔が浮かんだかも知れない。

門野重九郎『平々凡々九十年』実業之日本社、一九五六年

cafe 2

干菓子と最中

ある時期まで伊勢志摩土産の定番だった「真珠煎餅」が姿を消した。詳しい事情は知らないが、製造元の神楽堂は廃業、とネット上に表示されている。

「真珠煎餅」は、その名の通り真珠貝を象った鶏卵煎餅で、個別包装の中に真珠を模した小さな丸いキャンディが添えられていた。ミキモト真珠島の応接室での茶菓子はこの「真珠煎餅」と決まっていて、もてなしの場を和やかな気分にしてくれたのだが、残念なことだ。

代替というわけではないが、アコヤガイの形状を模した和菓子はどれくらいあるのだろうか、調べてみた。

まずかたちの美しさで賢島の老舗・松井真珠店が販売する干菓子「真珠糖」を一番に挙げたい。明治の初代・松井永次郎氏がアコヤガイ形の菓子を作る事を考案、伊賀上野の菓匠・桔梗屋織居が木型を作成したが、あまりにも繊細な形状のため実際に菓子として日の目を見ることはなかった。

その木型を平成十六年に三代目の松井耀司氏が蔵のなかで発見、桔梗屋に依頼して作られたのがこの干菓子で、松井家三代に渡る夢の実現といえる。茶道に通じていた初代が、アコヤガイの形をした茶菓子がないのを寂しく思い、友人であった伊賀の菓匠に作成を懇請したという。アコヤガイを良く知った人の眼で木型の試作を重ねたのだろう、輪郭も膨らみも見事に写し取っている。

その美しい形状を実現するために貝殻外周は繊細で脆く、とりわけ、蝶番両端の部分は欠けやすい。口にするときは割ってしまうとはいえ、茶菓子として供する場面で粗相をせぬよう念入りに扱わなければならない。口溶けは滑らかで和三盆の上品な甘さが楽しめる。後味も良いのはさすが老舗の仕事。松井真珠店のホームページに由来の詳細がある。十個箱入り（貝殻六枚と真珠四個）で店頭価格は七五六円。

なぜか三重県内では他に見当たらず、高知県に移る。明治四十三年創業の土佐市の老舗・北代菓子店が手作りする最中「土佐真珠最中」を紹介しよう。昭和三十年代、土佐湾の中央に位置する浦ノ内湾で真珠養殖が盛んだった頃に二代目の主人が考案したという。

真珠貝の貝殻を模した皮に小豆の粒餡がぎっしり詰まり、中心には真珠に見立てたという求肥が入っている。真珠というより貝柱ほどのボリュームだ。貝殻の形状はやや縦長だが、アコヤガイ特有の蝶番左右にある突起や檜皮のような外側も表現されている。程よい甘さの粒餡とまろやかな求肥が香ばしい皮と調和した一品。地元銘菓として永く愛されてきたのもうなずける。

その浦ノ内湾では明治四十二年（一九〇九）に井上真珠が養殖事業を開始したが、業績をあげるまでには発展しなかった。昭和十四年、高島真珠が経営の実権を引き継ぎ、戦時の中断を経て昭和三十三年に養殖を再開したと小栗宏『日本の真珠』に記されている。

北代菓子店二代目が製造を思い立ったのはこの時期で、地元の産業として真珠養殖が脚光を浴びたことを偲ばせる。現在では行われていない模様だが、土地の記憶を留めるという点で貴重な品といえる。「土佐えいもん広場」というサイトで取り寄せできる。十個箱入りで一六二〇円。

次は現在も真珠養殖の盛んな愛媛県宇和島市から、市内の吉弘菓子舗が作る「伊予路真珠もなか」を取り寄せてみる。包装紙と個別包装に真珠の連続模様をあしらい、アコヤガイを象った皮の中央には「うわじま」の文字と真珠筏らしき形が浮き出ている。地元愛あふれる包装紙を開封すると青のりの香りが立ち上がる。白いんげん豆の滑らかなこし餡に青のりが加わった、なつかしく親しみのある味わい。真珠の入札に宇和島を訪れた業者の方々が土産に求めるのにふさわしい品だ。十二個箱入りで一九八五円。

最中部門の三番手はこれも四国。徳島県阿南市から老舗つるや菓子舗の「真珠最中」を求めた。同県東岸沿いの鳴門湾と橘湾一帯は昭和三十年代以降、真珠養殖が盛んにおこなわれた地域である。三重県の養殖業者が橘湾を根拠として進出、地元の漁業者は彼らに供給する母貝を養殖し、共棲の態勢ができ上がっていたという。つるや菓子舗の「真珠最中」はその頃に製造を始め、六十年以上地元の支持を得て現在も同店の看板商品だ。

土佐同様に阿南でもすでに養殖は行われていないが、最中はかつての地場産業の繁栄を思い出す、よすがとなっている。表に「銘菓眞珠」と彫られたアコヤガイ形の皮は縦横のバランスが整い、一番それらしく見える。半分に割ると小豆の粒餡の中から五ミリほどの真珠が現れる。銀色にコーティングされたチョコレートで、食べ方によっては気が付かないかも知れない。十個箱入りで一五〇〇円。

これら三つの真珠貝最中は日本全国の個性的な最中二五〇点を集めた『全国もなかぼん』にも掲載がない。同書には貝の形の最中としてサザエ、アサリ、バカガイ、カキ、ホタテ、ハマグリ、タイラギ、アゲマキが取り上げられているが、選に漏れたようだ。

各地の最中はご当地のお国自慢でもある。真珠の本場である伊勢志摩と九州方面に見当たらないのは寂しい話だ。鳥羽には数年前まで丸万菓子舗という店が真珠最中を製造販売していたが、今では姿を見ない。どこか地元の和菓子店が引き継いでくれないか。

（価格は二〇二二年現在）

小栗宏『日本の真珠』古今書院、一九六八年
オガワカオリ『全国もなかぼん』書肆侃侃房、二〇一八年

第三室　養殖真珠の発展期

御木本幸吉の人脈形成術　『穂積歌子日記』

明治三十二年（一八九九）三月、御木本幸吉は東京に商売の拠点を構えた。場所は銀座裏弥左衛門町。その年の十月二日に幸吉は牛込区（現新宿区）払方町に穂積《ほずみ》陳重《のぶしげ》の屋敷を訪れる。

この日の事を穂積の妻・歌子は「午前御木本考（幸）吉養殖真珠持ち来る。箱共借りおきたり」と記している。穂積陳重は宇和島出身の法学者で、動物学者の箕作佳吉とともに東京帝国大学教授の職にあった。幸吉が穂積家に出入りするようになったのは箕作の紹介だったのだろう。穂積歌子は渋沢栄一の長女で、綿密な日記を残しており、それらは翻刻され、容易に読むことができる。

その『穂積歌子日記』から御木本幸吉との関わりを示す箇所を探してみる。

同年十月九日には「御木本来りたれば先日の真珠二個の内一個は返し、別に小四個購ひ増、金十二円遣わしたり」とある。一週間後に再訪したところ、十二円の商売ができた。当時、半円真珠は一個二円に値付けした、と『御木本真珠発明一〇〇年史』にあるが、大きさにより値段に幅があったことがわかる。小が二円とすれば、先日預けたのは四円だったかも知れない。

翌明治三十三年二月二十八日の記事に「午前三（御）木本来る。養殖真珠大粒九個求めおく。深川阪谷等へ分つべしと思ふ。一個代九円、合計八十一円、内四十円渡し置く」とある。深川は地名で渋沢栄一の屋敷、阪谷は財政家の阪谷芳郎で、歌子の妹の嫁ぎ先だ。珍しい品を実家と親戚筋に贈って楽しみを分かち合いたいというところか。

この穂積家を通じて幸吉はどれだけの人脈を開拓したことだろう。同五月四日の記事に「昼頃御木本来り、所々へ世話したる礼申したり」とあり、五月三十一日には「朝御木本来る。旦那様おあひ遊ばす。牧野（伸顕。駐伊）公使、都築（馨六）品川姉上等進物の真珠求める」と見える。牧野伸顕は大久保利通の次男で明治から昭和にかけての政治家・外交官だった人物だ。

後年、その牧野が鳥羽を訪ねたことがある。

幸吉が日和山の自宅に案内し、応接間の障子を開くと眼下に鳥羽湾の見事な景色が広がった。松を戴いた美しい島々を眺める牧野に幸吉は「これが私の光琳の屏風です」といい、牧野は「なるほど、これなら偽物を掴む心配はない」と応じた。そんなエピソードが残っている。ふたりの繋がりはすでに明治のこの頃、芽生えていたことが窺える。

当時、幸吉が扱っていたのは素材としての半円真珠で、そのままでは装飾に使えない。

歌子は「自分事皇后陛下の寵遇を蒙るは、ひとえに高木博士の推薦による次第なれば謝意を表する為御木本より求めたる養殖真珠を以て此夏梅屋に作らせたる衿止めを贈る」と記している（明治三十三年十二月二十四日）。進物にするため真珠を細工に出してブローチを作らせたことがわかる。

梅屋は上野にあった高級袋物商で、主人は沓谷瀧次郎。内外の博覧会に装身具を多数出品した商人だ。また高木博士は慈恵医大の創設者高木兼寛で、脚気の原因を巡って森鴎外と対立した医学者である。

いずれも興味深い記述ばかりだが、なかでも「午前御木本来る。此度宮内省より真珠御注文仰付られし由。英国へ御進物の中へ加へらるべき由、礼の為来りしなり」（明治三十五年三月五日）という記事は御木本真珠店の発展を語る上で見逃せない。これは小松宮彰仁親王が明治天皇の名代としてエドワード七世の戴冠式に出席するため渡英、その進物として真珠を納めたことを指す。

この後、小松宮一行が持ち帰った欧州製の装身具を見る機会を得て、幸吉は装身具製造の必要性を悟った、と『一〇〇年史』は伝えている。

明治三十六年、懇意の錺《かざり》職人市川源次郎に指輪、襟飾りの製作を依頼し、真珠装身具を勧業博覧会に出品。明治四十年に市川の工場を築地に移し、専属として本格的に装身具製造に取りかかることになる。「午前御木本来る。帯留二つかんざし一つ借り置く」（明治三十七年六月六日）の記事は市川工場で作らせた帯留とかんざしを持参したということで、幸吉の得意は如何ばかりだっただろう。また穂積家の方もその発展を我がことのように喜んだに違いない。

明治三十七年、日露間の対立を背景に国際世論を有利に導こうという国の方針を受けて、箕作佳吉、北里柴三郎それに穂積陳重がアメリカに派遣されることになった。セントルイス博覧会の一環として開かれる万国学術会議に出席のためである。以下はその際に持参する土産の手配について。

「旦那様御木本をよび給ひし処夕幸吉来る。御自身用ピン一つ土産用真珠大小とりまぜ十二及びピンク天然真珠一、代金〆百二十円を購い給ふ。ピンク真珠は八拾円の値を六十円にまけしなり。万一の用意に米国に持ち行き給ひ、もし残りて帰りし節は歌子か娘に下

さるる筈」（明治三十七年七月二十一日）

明治三十八年の一人当たり年間消費支出は百十四円九五銭（『物価の世相１００年』）である。穂積家の家計が、また、幸吉の商売がどれほどの水準だったかを窺い知る一級の史料といえよう。

穂積重行編『穂積歌子日記』みすず書房、一九八九年
『御木本真珠発明一〇〇年史』株式会社ミキモト他、一九九四年
岩崎爾郎『物価の世相１００年』読売新聞社、一九八三年

寒い国から届いた手紙　岸上鎌吉の書簡

御木本幸吉が養殖真珠の販路拡大のため、世界各地で開催される博覧会に積極的に出品していたことは伝記などでも繰り返し語られてきた。

もとより輸出を盛んにして外貨を獲得し、国力の強化を図ることは明治政府の重要課題であり、国は地方の出先を通じて民間に出品を働きかけた。幸吉のように海外進出を目論む商人たちにとってはまさに渡りに舟の状況だったといえる。

ただ、参加してもその成果は保証の限りではない。現地まで出かけて客の反応を確かめるわけにも行かず、現地からの便りが唯一の知る手がかりだったのではないか。

以下にご紹介するのは明治三十一年（一八九八）、ノルウェーのベルゲンで開催された漁業博覧会の中間報告といった内容だ（原文は候文）。

八月十一日夜　久しくご無沙汰。その後はいかがお暮しか。相変わらずご壮健のことと拝察。こちらもお蔭で元気に活動しているのでご安心を。博覧会は順調に推移し、日本からの出品物の審査も良く、あまり良過ぎるものだから反って心配になる始末。どこに行っても丁重なもてなしを受け、名士と目される方々に紹介されて、まずは満足に旅を続けている。

さて、ノルウェーという国は貧しく、来場客は真珠を欲しいという様子は見せても実際にはなかなか売れず困っている。何とか買いやすいようにと一包みになった真珠を分けてそれぞれに値段を付け、あるいはいっそ一粒でもと係員に言わせるのだが、実際、先月までに安い品が二点売れたに過ぎない。けれども博覧会の会期はまだ二ヶ月あるのでもう少し売れるのではと期待している。ここでは普通十円程度の品物に関心が集まる位で、パリの博覧会ならずっと上等のものが売れるに違いないと確信している。店先にも係員が常駐しないと機会を逸することになる。

ごく一部の裕福な人たちは真珠を買い、自分の好み通りの装身具を作らせることもあるようだが、多くの人々は自分の気に入った既製のものを選んでいる。真珠単体でなく、やはり装身具として完成品でないと売る機会は少ない。養殖真珠の販路は未知数だが、一般の来客に見せると皆一様に驚くので、売れる可能性は高い。様々な装身具を持って各地の博覧会を巡回する商人に養殖真珠を見せたところ、見本の送付を希望してきたが、いきなりの事で信用も出来ず、見送ったほうが良いと考えた。さらに多くの商人に会い、意見を聞く必要があるだろう。再来年、パリで開催される博覧会を利用して更に売込を行えば販路は開けるものと確信する。

最近は着色した真珠も出回っているようで、少し裕福な家の奥方でもガラス細工の首飾りを付けていることが多い。上等の真珠で身を飾れるのは余程のお金持ちに限られる。小生はこれからロンドンへ行き、箕作先生に面会、それからフランス、ドイツ、デンマークを経てまたノルウェーに戻り、博覧会の跡片付けを済ませて、少し南の国を歩いてみようかと考えている。

帰国は来年二月末か三月中頃になるかも知れず、この先は各地を巡り、忙しくなるので手紙を差し上げられないので、ご容赦を。

御木本殿　英国ハルにて

さて、これは一体誰からの手紙だろう。御木本殿と記されたことから幸吉の身内ではなく、東京帝国大学の箕作佳吉を先生と呼び、明治三十一年に渡航できる境遇にある人物は誰か。ちなみに箕作佳吉は明治三十一年八月、ケンブリッジにおける万国動物学会議に日本委員として出席している。幸吉と交流があり、この頃に渡欧していた人物として思い浮かぶのは同郷の門野重九郎。しかし、門野は大倉組のロンドン支店に勤務しており、ノルウェーに出かけたり、欧州諸国を遍歴したりして翌年帰国するはずはない。

差出人は魚類学者の岸上鎌吉《きしのうえかまきち》。『大日本水産史』によれば当時、農商務省から博覧会の展示委員長としてノルウェーに出張していた。箕作佳吉の門下で、大学ではクモとカニの発生を研究、エビに関する学問の基礎を築いた水産学の先駆者のひとりだ。『近代日本生物学者小伝』には同博覧会に事務官として出張し、帰途は欧米を廻って各国の水産事情を調べたとあり、文中の記述と一致する。

書面は博覧会に来る客の厳しい反応を伝えているが、真珠は装身具に用いれば売れる、店員を常駐させて説明にあたらせたほうが良いなどといった助言を幸吉は謙虚に受け入れ、次の商売の一手を考えたことだろう。

自著『海ト魚』（明治四十二年）で岸上鎌吉は、「貝の中に種を入れて真珠をつくることを志摩の或る商人に嘱し尚種々の方法を授け試験せよと勧めた」と記している。少し突き放した言い方が気になるが、手紙からはその真摯な人柄が偲ばれる。

岸上鎌吉『海ト魚』博文館、一九〇九年
片山房吉『大日本水産史』有明書房、一九八三年復刻（原著一九三七年）
木原均・篠遠喜人・磯野直秀監修『近代日本生物学者小伝』平河出版社、一九八八年

アコヤガイの食味談義　柳楢悦『山陰落栗』

御木本幸吉の人脈形成で要《かなめ》の位置にあるのが柳楢悦《やなぎならよし》だ。

柳は天保三年（一八三二）の生まれなので、幸吉とは親子ほどの年の開きがある。一世代前の頼れる人物というところか。志摩でのアコヤガイ増殖に道筋をつけ、箕作佳吉を紹介するなど、幸吉の事業展開上、最大の恩人というべきだろう。

津藩士の家に生まれた柳は、長じて海軍に出仕。各地の海上測量を行い、沿岸水路図の

作成整備にも大きな功績を残した人物で、幸吉と出会った頃は大日本水産会の幹事長だった。残念ながら柳は幸吉の半円真珠の成功を見ることなく、明治二十四年（一八九一）に五十一歳で没している。その遺徳を多として、幸吉は明治四十年一月の十七回忌法要に供えようと遺稿集の出版を前年の秋に企図した。柳が書き遺した『山陰落栗《やまかげのおちくり》』の原稿は全二十四巻あって、幸吉が発行人となって出版したのは水産と料理に関する第一巻と十八巻である。発行は年末の十二月二十八日。校正に携わった田中芳男は、準備期間が短く、外出先で参考書もないままに校了としたが、やむを得ない仕儀だったと記している。

明治二十一年七月の自序で柳は、これまで日本各地を巡って味わってきた豪華な饗膳、日常の食物、珍しい調理や田舎風の調理など様々な食物を思い出し書き留めたもので、前後のけじめもないが、様々な分野で西洋風に改良されるようになった昨今、食事もその必要があり、一助となればと執筆意図を述べている。書名の由来は文末の和歌「山陰のむかしの枝折あととめて　峯の落栗ひろいあつめむ」で、折れた木の枝を目印に置いて山奥の栗を拾い集めるように自分自身の経験を振り返った、という意味であろうか。

『山陰落栗』の前半は各地の水産品や加工品の列挙で、鯛鼈甲漬、鯛黄金漬、興津鯛、阿良巻、金絲鯛、飛騨鰤などという名産が並ぶ。越前鱈、鰈、十津川鮎、長柄川鮎、鯉、鮒、と続いてアコヤガイの項。「長崎にて饗宴のとき高く大皿に生盛して出せしは梅花蠣ならんと思いしに味さまで良からぬにこころつきたずね侍りたれば大村湾の阿古屋貝ということなり　蠣に似たれど味いと異なりて食うべきものにもあらず」と長崎での経験に基づいてアコヤガイの味に否定的な見解を述べている。

柳は海軍伝習所時代に長崎に滞在しており、あるいはその時の記憶かも知れない。貝柱だけならいざ知らず、内臓部分まで皿に盛って出されたらちょっと躊躇するだろう。確かにカキとアコヤガイでは勝負にならない。続いて、志摩の浜島でアコヤガイの時雨煮を勧められたがこちらも蛤のようには非ず、とやはり評価が低い。柳楢悦にとってアコヤガイは食うべき対象とはならなかったようだ。

ところが以下の割り注に田中芳男先生曰く、として次の記述が見える。「阿古屋貝は即真珠貝にして此貝の肉は美味なるを以て世間往々捕獲嗜好するものありて真珠養殖の為の妨を成せりと聞く　又志摩の御木本真珠養殖場に於ても此肉を煮て出し四日市の行方庄助は調味製造して缶詰となせり　頗る美味なり　又曾て　小松宮殿下の同所へ成らせられし時午餐を献じ阿古屋貝の吸物を進したるに美なりとて換えて召し上がられし事もありしのみならず余は下等の牡蠣より美味なりと思うなり」

田中芳男は日本の博物館発展に功績のあった博物学者だが、この頃、農林水産関係団体の要職にあった。明治三十三年に小松宮親王を御木本の養殖場に案内するなど幸吉にとってはやはり恩人のひとりだ。その際に小松宮が養殖場でアコヤガイの吸物をお代わりまでして賞味され、田中自身も「下等の牡蠣より美味い」という。

柳は長崎で生のアコヤガイを口にしたのに対して、小松宮に供されたのは加熱調理した吸物で、この反応の違いが生じたものだろう。時雨煮に関しても、柳のように蛤と比べてはアコヤガイが可哀そうな気がするが、こちらは貝柱だけなのか、田中芳男は「頗る美味なり」と評価している。

田中の注釈は三十九年十一月二十七日の日付があり、出版に向けての校正作業中のコメントと思われる。柳のアコヤガイに対する酷評に異論を唱えているようで、あるいは出版人である御木本幸吉への忖度だったかも知れないなどと要らぬことを想像させる。

柳 楢悦『山陰落栗』御木本幸吉、一九〇七年

横浜のポール老人　加藤虎之助書簡

これまで見た何通かの書簡から、御木本幸吉が明治二十年代半ば、横浜商館を通じて外国に真珠を販売していたことがわかってきた。

その頃、大阪に式田、池田、横浜に伊東といった天然真珠の商人たちがいたが、彼らも同様に商館を通じて真珠輸出を手がけたと想像される。そうした海外需要の拡大が真珠貝の乱獲を引き起こし、貝の増殖、そして真珠養殖へとつながってゆく。

明治三十一年（一八九八）、幸吉は門野重九郎を通じてイギリスでの真珠販売を目論んだ。その翌年、横浜のポール兄弟商会と取引を開始したことを加藤虎之助が証言している。加藤虎之助は幸吉の弟卯之助の妻の弟で、池田嘉吉、鈴木弥助と並ぶ幸吉の懐刀だった。遺稿集『御木本主人と私』（昭和四十三年）があり、その草稿に付属して「ポール氏と御木本の干係」と題する原稿用紙のメモ書きが見つかった。要約して紹介する。

御木本真珠店内でポール老人と呼んでいたオレナルト・ポールは横浜山下町六七番に居を構える東洋美術品輸出商で、明治五年頃来日、樋口という女性と結婚し、四男二女を挙げた。市太郎、音二郎、譲次、はな子、みね子。もう一人は空欄になっている。

その最初の取引は明治三十二年、初めて養殖真珠を売り出した時だったと加藤は幸吉から聞かされた。当時は産高も少なかったが、横浜に品物を持って行くと全部こちらの言い値通りに現金で決済してくれた。

加藤の御木本真珠店入店は明治四十一年だが、その当時も海外向けの取引は横浜六七のポール商会、九六のシングルトン・ベンダ商会と森村組だけだった。ポール商会はいつ、どんな品物でも現金で買い取ってくれたが、シングルトン・ベンダ商会は注文があり次第持参、森村組は注文に応じ、あるいは自主的に品物を納入したが、入金に時間を要したという。

ここでいう六七、九六の数字は商館の番地で、明治三十三年の『日本紳士録』（第六版）に六七番館としてポール兄弟商会、館主エス・ポール、業務は革類、洋酒輸入、新古美術輸出と記されている。九六番のベンダ商会も同様に記載されていて、こちらは扱い品目が多岐にわたり店員も多い。ポール商会の館主の頭文字エスは老人のものと異なるが、この頃は一線を退いていたのだろうか。

納入商品はもちろん半円真珠で、径二分（六・〇六ミリ）のA級品が十円、色物ピンク青色は十五円だったというが、自然の色なのかどうかわからない。幸吉はポール老人から真珠は現金で売買する、手形取引はしないなど、商売上でのことを色々と教えられたという。

ポール老人は一九一五年六月、娘たちにドイツで教育を授けるためシベリア鉄道経由で離日するが、日本に戻ることができなくなってフランクフルトに滞在を続ける。第一次大戦さなかのことだ。戦争終結後の一九一九年、加藤は英国に渡り、その後ドイツに入国、ポール老人と再会して真円真珠の完成を報告した。このときに加藤は老人から運動の効用を説かれた。老人によれば人は毎日一万歩を歩くべきで、そのために歩数計を買うことを勧められ、加藤はそれに従った。一万歩の効用はこの頃から説かれていたのか。

帰りに老人から土産に手渡された包みを列車の中で開くと二斤の白いパンだった。ところが敗戦国ドイツの車内で人々が食べているのは黒いパンだったので、どうしても食べることが出来なかったと述懐している。

ポール老人はその後もドイツに在住し、一九二三年に八十何歳かで世を去る。墓はベルリン郊外にあり、一九二九年に加藤は鈴木弥助と共に墓参、真円真珠の状況を報告した。

長男の市太郎はポールと妹たちが離日の後も横浜に住み続けるが、老人が世を去った同年、関東大震災で被災。次男音二郎は御木本真珠店のパリ支店に勤務、譲次も御木本で働いたという。幸吉が大正十五年に欧米視察の旅に出たとき、パリで応対したのがこの音二郎（オットー）だった。

パリの宝石商を相手に、養殖真珠の不当な輸入阻止を法廷に訴えたルシアン・ポールも同じ一族だったと思われる。パリのポールが養殖真珠の弁護に奔走したのはもちろん商売上の必要性からには違いないが、ファミリービジネス同士としての共感と信頼が根底にあったように思える。

加藤の原文には断片ながら当事者しか知りえない事柄が記され、日本の真珠が海外に発展していった歴史記述に彩りを添えている。

加藤虎之助『御木本主人と私』私家本、一九六八年

斎藤信吉の紆余曲折　『キリストによる労働者』

養殖真珠の発展と普及に功績のあった人物として斎藤信吉の名前を欠かすことはできない。その変化に富んだ半生を追ってみよう。

信吉は御木本幸吉の弟（五男）として明治十年（一八七七）に誕生、まもなく鳥羽町小浜の斎藤家の養子となった。十二歳のとき商人を志して大阪江戸堀のビットル散本舗猪飼史郎薬房へ奉公に出たが、二年後に病を得て帰郷、その間、小浜済渡院の住職に漢学を学んだ。十六歳で宇治山田（伊勢市）の呉服反物商に奉公の後、明治三十年秋、幸吉が開いた多徳島の真珠養殖場に入場。本人の言によれば「兄上の片腕」となって働く決意を固めた。

明治三十二年、幸吉が銀座裏弥左衛門町に御木本真珠店を開店すると、信吉も上京、主任として立ち働く。この時、幸吉から「自尊独立」と「遅々として進歩」という二つの経営方針の指示を受けた。明治三十六年に真珠店は晴海通りの元数寄屋町に移転。その翌年、幸吉の義弟・久米武夫と共にセントルイス博覧会出展のため渡米する。

一個人商店にとっては重い負担だっただろう。なお、同時開催の国際学術会議には箕作佳吉と穂積陳重が出席している。この渡航で信吉は留学中の小林豊造と出会う。後に御木本の貴金属工場で大きな役割を担う人物だ。博覧会の終了後、信吉はアメリカ各地を巡り、宝石店の店構えや装身具デザインとその製造技術の重要性を学んで翌年に帰国する。明治三十九年十二月、銀座四丁目に姿を現した御木本真珠店の全容は信吉の海外視察の賜物だったろう。信吉はこの新店舗で支配人として指揮にあたることになる。

一方で主人、幸吉との間はどうだったのか。明治四十一年の『伊勢新聞』に掲載された信吉へのインタビュー「在京県人訪問録」によると、幸吉は毎年年末に翌年の経営方針を信吉に伝えたが、あとはすべて任せた。それで「店の経営は装飾から意匠、陳列などすべてティファニーなど有名宝飾店の経営をつぶさに研究した成果を生かし、自分の考えでやった」と信吉は胸を張る。また「何につけ一流の御木本流」を出すことにつとめ、最も重要な店頭の装飾は東京高等工業学校（東京工業大学の前身）卒の図案家二名を採用して毎月一回ずつ店頭の装飾を新しくした。

実際、この頃の信吉は八面六臂ともいうべき活躍を見せている。真珠店は明治四十年四月築地に金細工工場を設けたが、これは懇意だった市川源次郎の工場を買収したもので、信吉は初代工場長として采配を振るう。明治四十三年には渡欧、ロンドンとブリュッセルで開催される博覧会視察のためだった。だが、二度目の海外で養殖真珠の評判が芳しくないことを知って、信吉は意外の念に打たれた。ここ数年間、輸出代理店を通じて行ってきた営業努力は無益だったのか。

信吉は兄であり主人である幸吉に半円真珠の問題点、海外出張所開設計画、欧米戦略の方向性について、思いのたけを打ち明ける。その進言を幸吉はどのように受け止めたのか。信吉はアメリカを経由して翌年一月に帰国。その後も真珠店運営について数通の建白書が残されているが、筆致に一種悲壮な色合いが感じられる。

三吉明の『キリストによる労働者』に、信吉は「直情径行」「疾風迅雷」で、稚気を帯びた性格だったと評されている。また「営業上の必要から花柳界に出入りすることも多くなり、ついに家庭を乱し、妻おとよとの離婚などのため、大正二年、御木本真珠店の支配人を辞」して沖縄に逃れてしまう。この時、姉の池田ようから手渡された一冊の聖書が信吉の生涯を大きく変えてゆく。

翌年、東京に戻った信吉を幸吉は迎え入れ、今度は上海支店開設調査のため、真珠店の部下と共に出張を命じた。ところがここでも「疾風迅雷」の本領を発揮、独断で店を借りて三年間の契約を結んでしまい、その専行に幸吉の堪忍袋の緒が切れた。厳しい叱責を受けて信吉は店を退く。その後の蟄居時代、信吉は京都に移り住み、同志社大学神学部で聴講生として勉学に勤しむ。人格の陶冶と経営の自信を得て大正五年（一九一六）に復帰、再び幸吉を助けて真珠店で働くこととなった。

大正八年、貴金属工場で起こった職員のストライキを受けて工場長が退任すると、斎藤信吉は四代目工場長として復帰し、改革に着手。賃金制度や労働時間、福利厚生などの見直しを断行した。信吉は同十年に辞任するが翌年、キリスト教精神を基礎に置いた模範工場として内務省から表彰された。昭和三年（一九二八）に大日本真珠組合の組合長に就任した信吉であったが、同五年に真珠業界と縁を絶ち、神戸で靴店を経営するに至る。それは果して信吉の望んだ道だったか。

斎藤信吉の曲折には兄幸吉の影が見え隠れするが、一族の境遇を何より大切に思っていた幸吉にとって、実の弟を疎む理由はまったくない。数度の失敗もほとぼりが冷めれば許し、次の仕事を託してきた。あえていえば信吉は「兄上の片腕」として働いたつもりが両腕の振る舞いに及ぶことがあったのかも知れないが、幸吉は信吉について何も語っていない。

三吉明『キリストによる労働者』キリスト新聞社、一九六五年

日本の宝石学の先駆者　久米武夫『宝石百年』

日本の宝石学史に足跡を残した久米武夫の業績を一覧する。御木本幸吉の妻うめの弟で、兄の久米楠太郎とともに草創期の御木本真珠店を語る上でも欠かせない人物である。

明治二十年（一八八七）、鳥羽に生まれた久米武夫は十三歳で上京、御木本真珠店の一員となった。働きながら大倉商業学校で学び、英・仏語を習得。十七歳の時、幸吉の弟で真珠店に勤務していた斎藤信吉とセントルイス博覧会出展のため渡米。明治四十三年には英国博覧会出品のため渡欧するが、その際にベルギーのダイヤモンド市場を見て宝石に対する研究心を掻き立てられたという。

大正元年（一九一二）、武夫はニューヨーク勤務に就く。とはいえ、御木本真珠店に支店はまだない。明治三十四年から現地の森村ブラザーズが養殖真珠を扱っていたので、そこに間借りすることにした。森村市左衛門の設立した森村組の支店だ。連絡業務や市場調査の傍ら、向学心に燃える武夫はコロンビア大学鉱物学教室でアルフレッド・モーゼス博士の宝石学を受講、帰国する。

御木本真珠店在職中の仕事で具体的に成果が残るのは、明治末から刊行の始まった商品カタログ『真珠』に記事を執筆、宝石の知識を普及したことだろう。大正三年の『真珠』十四号に「六月は真珠の月」と題した囲み記事がある。「真珠は欧米では純粋および潔白を意味し」と、真珠と純潔を結び付け、誕生石として紹介した、国内ではおそらく早い時期の例と思われる。

今でこそ、真珠は六月の誕生石として定着しているが、例えば一九〇九年刊行のウォーディスカ『宝石の本』では六月には瑪瑙《めのう》が相応しいとされていた。また大正五年の鈴木敏『宝石誌』中「宝石と迷信」で、真珠は「二月又は十一月の着用石に代用して差支えなし、無邪気及び清浄の意義を含む」とあるのは、異なったテキストに依拠していたからだろう。一九一二年にアメリカの宝石商組合が、それまでまちまちだった誕生石を統一制定する。営業戦略上の事情からか、瑪瑙が主流だった六月に真珠とムーンストーンがあてはめられることになった。

販売促進には商品知識の普及が不可欠と見た久米は真珠店の海外情報網を通じて広範な宝石資料の収集を継続し、その成果としてカタログ誌上に、真珠に限らず宝石に関する記事の掲載を開始する。この頃から成因や歴史、誕生石や寓意など宝石貴金属の様々な知識が一般に開示されていったと見て良いのではないか。続く十五号の「白金」、十六号「ダイヤモンド」、十七号「ルビー」、以下「サファイア」、「エメラルド」とカタログの最後のページを使って欧米仕込みの蘊蓄《うんちく》を連載、これは営業活動を側面から援助したことだろう。

久米は大正九年に真珠店を退く。同年一月の三十四号「電気石」の後、記事はなくなり、筆者が久米だったことを裏付ける。退店後については幸吉の孫・乙竹宏が自著『真珠とダイヤモンド』で「真珠以外の宝石に重点を置き、自由に自らの道を行く決意」と記した通り、東京市四谷区南伊賀町十七番に久米武夫商店を開設、宝石直輸入卸、合成宝石「ホープ宝石」代理店として事業を展開する。

戦前の宝飾品に合成のサファイアやルビーを使用した例は珍しいものではない。『日本装身具史』によれば、大正九年前後には様々な色の輸入人造石が各種装身具に盛んに用いられていた。また、貴金属宝石業界の沿革をまとめた『宝石百年』中、合成宝石の普及に触れた章で「久米武夫は『ホープ』の名を冠した合成宝石をアメリカから一手に輸入した」という記述が目に留まる。ホープ宝石の品質は均一優秀であり、研磨もまた入念であったようで、「合成宝石は本質的に天然宝石と変わらないこと、その色彩の鮮麗でヴァラエティに富んでいること、大小、形状の多種多様、価格が天然宝石に比して格段に低廉であることは、第一次大戦時の好況と相まって、たちまち普及することになった」（原文ママ）と、市民権を得ていた様子が窺える。

宝石の魅力を広く伝えるのには経済的な負担の少ない合成宝石こそ相応しいというのが久米の主張だったようだ。けれども希少性や富の反映といった美しさ以外の要素があるから、宝石は妖しく人を魅了する。

久米武夫の著作は古書で入手できる。代表作の『宝石学』は、『通俗宝石学』（昭和二年）、『宝石学』（昭和二十八年）、『新宝石学』（昭和四十七年）の三冊があるが、風間書房から出た戦後の二冊は同一。昭和十一年の『宝石辞典』も、同書房の『宝石・貴金属辞典』（昭和三十二年）と『新宝石辞典』（昭和四十三年）ともに同じ内容なので求める時は要注意。

鈴木敏編『宝石誌』一九一六年（思文閣、一九七四年復刻）
乙竹宏『真珠とダイヤモンド』同友館、一九七四年
露木宏編『日本装身具史』美術出版社、二〇〇八年
中村善吉編『宝石百年』若葉倶楽部、一九六六年

もうひとりの真珠王・高島末五郎

御木本幸吉と並んで、あるいは「西の真珠王」と呼ばれたのが高島末五郎。だが、まとまった伝記や言行録、高島真珠の社史など文献資料が検索上に現れないことから、その業績や人物像を知る手掛かりは乏しい。

入手可能な記録として、長崎県佐世保市立図書館長だった本田三郎氏が記した四ページ余りの小伝がある。その短い叙述を通じて、真珠商を志し、世に出る末五郎の姿を紹介してみよう。この小伝は依拠した原典を示していないのが恨みで、あるいは私家本があったのかも知れないが、もとより想像の域を出ない。

明治十三年（一八八〇）、高島末五郎は東彼杵郡《ひがしそのぎぐん》下波佐見村《しもはさみむら》（現在の波佐見町）に生まれた。大村湾の北、波佐見焼で知られる内陸の村である。手先が器用で、少年の頃大村に出て、理髪店や時計店の見習いをするうち、天然真珠に心惹かれるようになったという。

大村湾は古来、天然真珠の産地として知られ、その売買は江戸期を通じて藩の財政に大きく貢献してきた。土地の産物に着目して一旗揚げたいと願うのは立志伝の常道だ。

二十歳の頃、長崎に出て貴金属店や宝石店を訪ね、真珠の価値や外国需要の高まりを知った末五郎は東京、京阪神を訪れ、真珠の鑑定法、需要度、販路、市場価格を調査する。このあたりの動きは幸吉の東京・横浜での見聞を彷彿させる。それに対応して大村湾岸の村々を巡り、天然真珠の買い付けに勤しむ。大村湾だけでは供給に不足が生じたか、沖縄、台湾の澎湖《ほうこ》島にまで足を延ばしたというから、並々ならぬ行動力だ。

明治三十五年には大村湾、佐世保湾、九十九島湾一帯のアコヤガイ採取権を得て、天然真珠、それに貝殻をボタンの原料として販売することになった。さらに翌三十六年、満州、沖縄、上海、香港を訪ねて販路を拡張する。二十代半ばですでに天然真珠商として十分な実績を重ねていたことが窺える。

同じ頃に横山寅一郎が大村湾真珠会社を創立。養殖に着手すると、末五郎は天然真珠売買から養殖事業に舵を切った。そこで志摩に御木本幸吉を訪問。本田三郎氏の文をそのまま引用する。

「幸吉は末五郎の真珠にかける異常な熱意に感じ『真珠を採ることは国家の富をふやす大事なしごとです。だが、もう天然真珠の時代ではありません。二人で力を合わせて養殖真珠を研究し、りっぱな真珠をたくさん採るようにしましょう』と激励し、心よくその技術を教えた」

感動的な場面だが、この出会いについて御木本の側には記録がない。半円真珠の特許問題、真円真珠の開発競争と、ある意味で周囲がすべて敵と映っていた明治末期の幸吉に、この余裕ある対応が可能だったか疑問の残るところだ。ただし、晩年に至るまで末五郎は幸吉を先達として尊敬しており、二十歳以上も離れたふたりは互いに認め合い、肝胆相照らす間柄になったと見ておきたい。

大正二年（一九一三）、独力で大村湾俵が浦半島の一角に真珠養殖場を開設。半円真珠から真円の研究に着手し、同九年に成功。養殖場を拡張する。そして真珠の集散地・神戸に拠点を構え、昭和十二年（一九三七）、高島真珠の生産量は四四〇貫（一六五〇キロ）に達した。しかしその後は戦争による生産制限、従業員の徴用、経済封鎖、空襲と苦難の時期が続き、敗戦を迎えることになったが、復興も早く、高島真珠は御木本と並んで外貨獲得のホープとされた。

末五郎にとって生涯最高の栄誉は昭和二十四年、九州を巡幸した昭和天皇を養殖場に迎え案内したことで、この辺りのメンタリティも御木本幸吉に通じるものがある。

国内長者番付第一位となった昭和二十五年一月、宇治山田市で戦後初の真珠入札会が開かれた際、「幸吉翁が真珠業界の発展に尽くした偉大な功績に報いるために銅像を贈呈する」ことを提唱。だが、それが実現するのは昭和二十八年秋。末五郎がこの世を去った後だった。昭和二十六年元旦。古希を迎えた末五郎は近親者を集めて皇居遥拝を行い、御木本幸吉万歳を三唱。直後に床に臥す事となって四日後、静かに息を引き取った。

高島末五郎の薫陶を受けて田崎甚作、山本勝、鄭旺《ていおう》といった神戸の繁栄を支えた人物が育ち、その人脈は今日まで滔々と流れる。真珠業界の源泉のひとつとして永く顕彰されてしかるべき偉人だ。

長崎県立図書館編『郷土の先覚者たち』長崎市教育委員会、一九六八年

八重山を舞台にした古賀辰四郎と岩崎卓爾　『風の御主前』

御木本幸吉は海産物取引の傍らで色々な商品を扱っていた。なかでも異色なのが泡盛の商売だろう。伝記によれば明治二十年（一八八七）、「琉球の泡盛を東海地方に売り広めようと考え、琉球の古賀辰四郎と組んで名古屋に特約店をおき、販売につとめてすこぶる利益をおさめたが、課税方法が変わり、採算がとれなくなってやめた」という。

古賀辰四郎は安政三年福岡県の生まれ。明治十二年、二十三歳で沖縄に移住した「寄留商人」で、那覇に古賀商店を設立して夜光貝を買い付け、貝ボタンの材料として売り込みを図った。明治十五年には八重山に支店を開設、水産物の取引を精力的に行う一方で、天然真珠を国内外の博覧会に出品したことが記録されている。明治四十二年には「国家的福利」増進の功績で藍綬褒章を下賜された。尖閣列島の発見者としても知られる人物である。

泡盛の商売は失敗したが、その後も幸吉は古賀と交際を続けた。そもそも真珠に特化するまでの幸吉はさまざまな仕事を手がけ、川村又助、行方庄助、井島茂作といった事業家たちと交流を持っていた。古賀との出会いもそうした人々の中から生まれたものだろう。博物館に残る古賀から幸吉あての書面には伊賀鉄道や養老鉄道開設の話題が見られ、古賀もまた、さまざまな分野の事業に関わりを持っていた。志摩の御木本養殖場を訪れた際の芳名録にも名前が残されており、親しく交際したことが窺える。

天然真珠商としての古賀の動きを見てみよう。まず明治二十八年第四回内国勧業博覧会、同三十年の第二回水産博覧会に海産物とともに真珠を出品。三十三年にはパリ万博に真珠を出品し、銅メダルを受賞する。三十六年の第五回内国勧業博覧会に出品した真珠は皇太子（大正天皇）買上の栄に浴し、大正三年（一九一四）の大正博覧会では銅牌を受けるなど盛んに活動した様子が記録されている（望月雅彦氏の年譜による）。詳細は不明だが、沖縄を基盤とした古賀はクロチョウガイやマベの真珠を扱っていたかも知れない。

その古賀の案内で八重山を訪れた御木本幸吉は岩崎卓爾と出会う。気象観測技師で、昆虫研究者、八重山民俗研究家としても名高い岩崎は明治二年、仙台に生まれ、札幌第一測候所の気象研究生を経て同三十一年、八重山の中央気象台付属石垣測候所に赴任。翌年測候所長となり気象観測に生涯を捧げた。磊落な性格で島民から「天文屋の御主前《うしゅまい》」と親しまれたという。八重山の自然と民俗に魅了され、昭和七年（一九三二）二月、依願退職した後、永年嘱託となって八重山に留まり、十二年に同地で没した。

「測候所の卓爾に、古賀辰四郎が、また新しい客をつれてきた。『御木本幸吉』と紹介されて、聞いたことのある名だ、と思った。古賀とおなじくらいの年配で六十に近い。古賀は商売人には珍しく学者をよく紹介する男だが、これは学者とはすこし違うな、と思っていると、『真珠をつくっている』と言われて思い出した。『これは失礼つかまつりました』と、つい大仰にどなってしまった。『なにが失礼で？』御木本は鷹揚に、しかし疑問はいちおう訊したい、という顔をした」（大城立裕『風の御主前』）

著者は必ずしも史実通りではないと断っているが、短い会話の間に幸吉の自負心が窺える場面だ。

御木本の真珠養殖場は石垣島の観音崎で大正三年五月から操業を開始したが、台風で失敗、その後も場所を変えて継続し、大正十一年、岩崎卓爾の推薦で養殖場を川平湾に移動。その管理が卓爾に託された。実際の現場監督は鳥羽から赴任した竹内久吉が行い、卓爾は測候所勤務の傍らに月に一度見回って鳥羽に報告を送った。住まいから二十二キロの足元の悪い山道を往復するのは一仕事で、帰り路で倒れ、病床に就いたこともあったという。

岩崎卓爾が出した昭和七年の書簡が残されている。御木本幸吉から金側時計を贈られたことに対する礼と共に、三十四年間の島での生活を回顧し、この先も国家のために専心奉公する決意を述べた内容だ。岩崎は同年五月に勲六等瑞宝章を受章するので、幸吉はその栄誉を称え、養殖場の管理に対して感謝の意を伝えていたことが窺える。

岩崎卓爾の片方の眼は台風観測時の事故で損なわれていた。その隻眼は幸吉が遥かな八重山の養殖場を見守る遠眼鏡でもあった。

西里喜行『近代沖縄の寄留商人』ひるぎ社、一九八二年

大城立裕『風の御主前』日本放送協会、一九七四年

谷真介『台風の島に生きる』偕成社、一九八二年

望月雅彦「古賀辰四郎と大阪古賀商店」『南島史学』三十五号　一九九〇年

中村十作の見た夢『大世積綾舟』

古賀辰四郎が沖縄に渡り、海産物取引を活発に行っていた頃、越後出身の中村十作《じゅうさく》が真珠の魅力に惹かれて八重山に向かった。

中村十作は慶應三年（一八六七）の生まれ。小学校教員を務めた後、明治二十年（一八八七）横須賀海兵団に入隊。海防艦「金剛」に配属されて遠洋航海の途中、沖縄近海を通過した際に鹿児島出身の同僚から真珠貝について聞かされたのがきっかけで真珠に興味を覚えたという。

ところが艦上の演習中に脚を負傷して除隊。回復後の明治二十二年、東京専門学校（早稲田大学の前身）に入学。翌年上野公園の第三回内国勧業博覧会で御木本幸吉が出品した真珠貝生態の展示に刺激を受け、シモントスの『海産論』などから真珠の知識を得ると、同二十五年、卒業を目前に学業を中断。一攫千金を夢見て真珠事業に進む決意をかため、まずは真珠採取の本場を見ようと、外国船のアルバイトとして渡豪。ダイバーの真珠貝採取作業を見聞した。

十作は真珠採取について五十日を単位に次のような目論見を立てていた。

一日に真珠貝を五十個採取する。五十日のうち十日は荒天で採取できないとすれば、四十日で二千個採取できる。百個の貝に真珠が一粒入っているとして、二千個の貝には二十個の真珠が入っている勘定になる。一粒五十円として、二十粒で千円。貝殻は二千個で三七五円とすれば、一三七五円の売上となる。一方で五十日の支出は一二〇円。差引一二五五円が手許に残る。一年間操業すると収入は八千円を超えることになる。

ちなみにペルシャ湾の真珠漁業の記録に、三万五千個の貝から採れる真珠は二十一個、そのうちで高く評価されるものは三個（池ノ上宏『アラビアの真珠採り』）とあるので、取らぬ狸の皮算用としてもあまりに楽観的過ぎる。

十作は大きな夢を抱いて明治二十五年十一月、八重山を目指す。が、船中で出会った田村という男から、真珠貝なら宮古島にも多く生息していると聞かされ、途中で下船することになった。ここで人生航路が大きく変わる。

今日、中村十作は人頭税廃止の功労者として知られている。人頭税とは寛永年間（一六二四〜四四）に薩摩藩が宮古と八重山群島に課した税で、琉球が沖縄県となった明治十二年以後も廃止されずに課税が続いていた。宮古島で十作は田村に紹介された城間《ぐすくま》正安と出会う。

城間の話から旧慣に縛られた酷税に苦しむ農民の実態を知って義憤に駆られ、人頭税廃止運動を主導、中央政界と言論界に訴えて旧制改革の端緒を開くことになる。

人頭税廃止運動に賭けた四年間は、十作にとって真珠事業から距離を置かざるを得ない時期だった。目論見書に明らかなように、八重山に渡航する時点で十作の狙いは天然貝の採取とそこから出る真珠だった。天然真珠の扱いに実績を積み重ねてきた御木本幸吉が、次の段階として箕作佳吉の教えを受け養殖実験に着手した頃、十作は天然真珠採取の夢を追っていたことになる。

宮古島での途中下船は、図らずも沖縄の歴史を変える大きな契機となった。その後の運動はもちろん彼自身の強い意思と類まれな資質によるものだが、一方で当初計画の通り真珠貝採取に着手し、さらには養殖へと事業展開を計ったとして、後世にどれほどの恩恵を施しただろうか。

明治二十八年、人頭税廃止の国会請願が通過、運動に成果を得て再び真珠事業に戻った十作は翌年、宮古島水産組合を設立。潜水機を導入して海底の水産物を採取したというが、真珠養殖を実践したかどうか明らかではない。宮古島を去った後の明治三十年代の行動は知られておらず、次の記録は明治四十三年、奄美大島加計呂麻《かけろま》水道にある油井小島でマベを用いた半円真珠の養殖計画まで飛ぶ。こちらは大正七年（一九一八）に一応の成功を収め、製品を産出したようで、同十三年四月四日付の御木本真珠店鈴木弥助文書に「中村十作氏のマベ貝玉全部にて四百五十円を本日託送致し」とあり、大阪支店と取引のあったことがわかっている。

しかし時代はすでに真円真珠の産出に移っていた。石垣島で養殖を行っていた御木本の田中正男と競争するかのように、十作は昭和五年（一九三〇）頃からマベを母貝とする真円真珠養殖の計画に取り組んだ。だが田中は翌年、クロチョウガイによる直径十ミリの黒真珠の産出に成功する。

中村十作は京都に居を構え、真珠養殖と売買を営み、昭和十八年、七十七歳を一期として世を去った。若い日の長者の夢は実現しなかったが、御木本幸吉と並んで人名辞典にその名を留めている。

谷川健一『北国からの旅人』筑摩書房、一九八〇年
山内玄三郎『大世積綾舟』（ウプユツンアヤブニ）言叢社、一九八三年
富田祐行『真珠と旧慣』（上・下）近代文藝社、一九九五年

動物生態学者からの提言　川村多實二「日本の真珠」

明治以降昭和二十年までに日本で発刊された真珠研究書が何冊あるだろう。たとえば御木本幸吉を指導した箕作佳吉に真珠を論じた著作はなく、東京帝国大学で箕作と同僚だった飯島魁（大部の『動物学提要』がある）、門下の水産学者岸上鎌吉や進化論普及者の石川千代松、寄生虫学の宮島幹之助はそれぞれ著作を残しているけれども、真珠に言及した部分はごく僅かしかない。

例外は西川藤吉の『真珠』だが、これは没後にまとめられた遺稿集である。その後は大正十二年（一九二三）の藤田政勝『真珠養成学』、昭和十三年（一九三八）の小串次郎『真珠の研究』が挙げられるのみで、単行本は三冊に過ぎない。何とも寂しい話だ。

箕作門下の川村多實二《たみじ》（一八八三〜一九六四）に「日本の真珠」という著述がある。川村は箕作佳吉と同郷の岡山県津山の生まれ。明治三十九年（一九〇六）から東京帝国大学理科大学動物学科で箕作と飯島魁の指導を受け、箕作の死後、同四十五年に京都帝国大学医科大学へ移り、動物生理学の研究に従事する。大正三年滋賀県大津に開設された大学の付属臨湖実験所に所員として赴任、淡水生物研究のため渡米後は生態学に移行した。同十年に留学から戻り、京都帝国大学で教鞭を取る一方で大津臨湖実験所の管理と指導を行って、淡水生物学と動物生態学の祖とされる。

その川村の「日本の真珠」は雑誌『改造』の昭和二年十二月号に掲載されたが、単行本に採録されることはなかった。年代で見ると藤田政勝と小串次郎の間に位置し、十六ページの小編とはいえ、昭和初期の数少ない真珠関連文献として認知しておく必要はあると思われる。

「日本の真珠」で川村は真珠史を概観し、母貝を一覧、続いて養殖真珠の解説に入る。半円養殖真珠は厳格な意味においては真珠ではない、と釘を刺した上で、「御木本氏が真珠養殖事業を開始したことは日本真珠の発達上に一新紀元を作ったもので、従来の漁民が野生のアコヤガイを屠ることだけを知って、その幼者を仕立てたり、相当有効なる繁殖保護の方策を樹て、支那では単に玩具様のものだけしか作り得なかった方法を改めて、世界的に取引せられる商品とまで為した功績は永久に記録せらる可きものである」（原文ママ）と功績を評価する。さらに真円真珠の研究では西川藤吉の業績に触れ、「真珠袋を構成すべき外套膜小片の細胞を貝の組織中に挿入する」方式の理論的正当性を讃える。

その上で、外套膜で核を包む御木本の方式に言及、佐々木忠次郎や岸上鎌吉、宮島幹之助らが審査官として目撃しているので異議を唱えるわけではないが、と前置きして、大きな外套膜で核を包んで成功したことはないという自身の実験に照らし実用性に疑問を呈している。

以下、実効性の疑わしい特許についての棚卸が続く。貝の蝶番を切って核を挿入するという御木本の「真円真珠被着法」（二七〇七四号）、カルシウムを貝に注射する「真珠形成増進法」（四二〇一〇号）、貝に電流をかけて神経を刺激させ真珠質の分泌を促進する藤田政勝の特許、一々名前は挙げないが、貝殻に穴を開けて外套膜を露出させた二個の貝の間に核を入れ、貝同士を固着する特許、貝から天然真珠を抜き取り、その残痕中に核を挿入して真珠を形成させる方法などを一刀両断に切って捨てている。

特に全巻式に対する否定的な見解が御木本真珠店の忌避に触れたのか、総支配人の池田嘉吉は東京帝国大学で懇意の動物学者二人を訪ね、その感想を求めた。一読したという寄生虫学者の五島清太郎は川村の指摘に否定的な意見を述べ、岸上鎌吉は、読んでいないが「何を言おうと黙殺すれば良し」と応じた、と池田は御木本主人に報告している。東大と京大との競争心からか、それとも個人的に確執でもあったのかと疑われる応答だ。

けれども川村は「日本の養殖真珠は手術後三～四年も経っているから真珠層の厚みは一ミリ以上あり、メッキとはわけが違う」と天然真珠に匹敵する価値を認め、その上で将来の展望を述べている。というのも先にニューヨークで面会したクンツ博士が「養殖真珠は迫害にあうだろう」という預言めいた言葉を川村に伝え、それがロンドンとパリの裁判沙汰で現実になったからで、今後考えるべき問題として、正当な販売経路の確保、業者の協和団結、指導機関の設置、国家による真珠研究所の設立、真珠養殖の官営化、検査の厳格化、欧米人の真珠に対する嗜好調査、日本真珠の性質を宝石商以外の一般人に広く了解せしめる、といった点を挙げている。

本業は動物生態学者だった川村が、いわば余技のようにして書いた真珠業界に向けての提言だが、百年後の私たちにとっても留意しなければならない事項ばかりではないか。

川村多實二「日本の真珠」『改造』第九巻十二号　改造社、一九二七年
木原均他監修『近代日本生物学者小伝』平河出版社、一九八八年

cafe 3

缶詰のラベル

『缶詰ラベルコレクション』という本を手に入れた。

オールカラーの三五〇ページ。文庫本サイズで、派手なピンクのジャケットに包まれている。公益社団法人日本缶詰協会が編集、巻末リストにある五四九点のうち、二点を除くすべてが同協会の所蔵するラベルという。この文庫本は先行する『缶詰ラベル博物館』からの抜粋なので、協会の収集品は、これを上回るボリュームか。凄いコレクションがあるものだ。

年代的には、明治一〇年から昭和期まで。紙に印刷されたラベルで、フルーツ、野菜、水産物、お肉、おかず、おやつの各ジャンル別に配列されている。これらは現在でも可能な区分だが、独活（うど）、慈姑（くわい）、茗荷（みょうが）の缶詰なんて、今でもあるのか知らん。

明治期の輸出産業として缶詰が振るわなかったのは、ラベルのデザインによるところが大きかったという。日露戦争の勝利を謳うようなトーゴー、ノギ、ミカサなどのブランドと、その図案が市場に理解されなかったからと、缶詰製造から製鋼業を起業した実業家の高崎達之助は指摘している。では実際に、どんなデザインだったのだろう。この本を参照してみると、意外にも軍艦を使ったラベルは二件しか掲載されていない。大阪の松下商店が製造したサザエの缶詰と赤貝の缶詰で、万国旗の縁取りの中に軍艦が描かれている。甲板の三本煙突は、日露戦争で活躍した装甲巡洋艦らしく思われる。中身のサザエのリアルなイラストと表裏一体で、奇妙なコントラストだ。

他にはどんな貝があるだろうか。順番に挙げると、小貝、ホッキ貝、絹貝、マテ貝、アサリ貝、赤貝、青柳、揚巻、アワビ、牡蠣、タイラギ、帆立貝、ハマグリといった品々。最初の小貝は、イラストで見るとアサリのようだが、アサリは別項にある。絹貝はバカガイらしいが、アオヤギの別名でもある。今では絶滅が危惧されているアゲマキは、当時、普通に漁獲されていたのか。

この本の中にアコヤガイは見当たらなかったが、御木本真珠養殖場には、貝柱佃煮「玉しぐれ」があった。大正から昭和初期まで、御木本の中核基地として事業を展開していた五ヶ所（現南伊勢町）養殖場の副産物で、アコヤガイの年間施術量が一千万貝規模だったというから、貝柱の量も半端ではない。「玉しぐれ」のラベルはデザインも色も控えめで、店頭で派手に自己主張する風ではないから、特定顧客への贈答用だったのだろうか。

この貝柱の時雨煮は御木本幸吉の盟友・行方庄助の製造による。桑名で時雨蛤の改良に取り組んだ人物で、幸吉が真珠一筋と決める以前、水産加工品の開発に助言を得ていた記録がある。

昭和の土産物で真珠の缶詰があったことをご記憶だろうか。缶詰とはいいながら、側面は素通しのプラスチック製で、中に殻のままのアコヤガイが一個横たわる。缶切りでコキコキと開けて、貝の身のなかに入っている真珠を取り出す、ということなのか。貝の身はアルコールの液浸標本で、食べることはできないから、このまま飾っておくものだろう。

アコヤガイの缶詰は久しい以前に廃番となっていたが、その後は代わりにヒレイケチョウガイを使った缶詰が登場した。こちらは中国の池で養殖されている貝の、途上で間引きした小さな個体に、無理やり真珠を押し込んだもののようで、やはり液浸標本だから食べるものではない。

近頃は缶詰のラベルも多様化していて、イラストを採用せず、迫力のある漢字で中身を表わしたデザインが目を引く。過日、スーパーの棚に「穴子」と書かれた缶詰を発見して即購入。ちょっと小ぶりの、断面が丸まった煮穴子が缶の高さに詰まっているかと想像してプルトップを引き上げる。と、サンマと見まがうほど幅のある黒い切り身が、ゼラチンをまとって積層していた。

改めてラベルを確認すると、アナゴはアナゴでも深海で捕獲されるイラコアナゴという種類で、製造所のある三陸方面では普通に食べられているらしい。熱い飯の上で溶けてゆくようなキメの細かい食感は悪いものではなかったが、オモッテタントチガウ。

公益財団法人日本缶詰協会『缶詰ラベルコレクション』青幻舎、二〇一二年

第四室　真珠貝は世界を照らす

淡水貝ボタン業の創始者・ベップル

貝ボタンの材料はシロチョウガイ、ヤコウガイ、タカセガイなど海水産の貝が主流だ。しかし、北米ミシシッピ流域では身近な素材として淡水二枚貝の貝殻が用いられた。その周辺事情を見てみよう。

ミシシッピ川の上流域で貝ボタン産業を興したのはドイツ人だった。

一八五四年ハンブルク生まれのジョン・ベップルは、貝殻や動物の角などからパーツを切り出し、ボタンやアクセサリーの素材を作る技術を父親のもとで学ぶと家業を引き継いだ。店を構えて所帯を持ち、順調な生活が約束された矢先、新妻に先立たれる。追い打ちをかけるように、輸入関税の引上げで原材料の貝殻価格が高騰、利益が落ち込んで商売の見通しが立たなくなってしまった。

一八八七年、ベップルは心機一転アメリカに渡る。北米の川には貝が沢山生息していて採り放題という話を聞いたからだ。以前に北米産の貝殻を見て、細工にふさわしいと直感したことも脳裏にあった。その貝がシカゴから南西二百マイルの川で採れたというだけの情報を頼りに海を越えた。

日雇いの仕事をしながら西に向かう途中のイリノイ州。水浴びをしようと川に入るや、足裏に痛みを感じた。見れば川底には貝が尖った先端を覗かせていて、一帯は無数とも思える密集地。話は嘘ではなかった。けれどもこの川の貝は殻が薄く、加工には不向きだった。

調査を続けたベップルは、アイオワ州を流れるミシシッピ河畔のマスカティンで厚みのある貝が群生する浅瀬を発見、この地に居を構えることにした。手始めに貝殻を使って細工品を作り、それからボタンの製造に取り掛かった。

この頃から運命が好転してゆく。というのも一八九〇年にマッキンリー大統領による新しい関税法が施行され、シロチョウガイ製のボタンが高率の課税対象となったからで、祖国を去る原因となった関税問題が、今度はベップルにチャンスをもたらした。高根の花になったシロチョウガイ製ボタンの代わりに、地元産の貝で美しいボタンを作って安く売れば商売繁盛は間違いない。

一八九一年一月、出資者を得てマスカティンで淡水貝によるボタン製造工場が稼働を開始する。当初は順調に見えたが、移民に対する反発からか、共同経営者との間に不協和音が起こる。ベップルは翌年に自力で工場を設立、百人規模の従業員を抱えるまでに成長させた。一方で物別れした側の労働者はベップルの技術を学んでいて、こちらも独自に操業を継続。一八九八年上半期には、なんと三十六ものボタン工場が林立することになった。

地域の資源を活用する産業でマスカティンに豊かさをもたらしたベップルは優秀な職人ではあったが、残念ながら経営者としては失格だったようだ。現場の動力機械導入に躊躇して競争力が低下、同業者から権利侵害の訴えを起こされ、二度目も工場を追われてしまう。

一九〇九年、ベップルは淡水二枚貝の専門官としてアイオワ州フェアポートの水産研究所に職を得、そこで貝の生態や増殖研究に勤しむ。淡水二枚貝の大量殺戮に手を貸した男の予想外の展開だった。資源の大切さは何よりも自身が一番承知している。川底を曳いて貝を採集する道具を改良し、未成熟の個体を採らないようにするなど保護に努めた。

一九一二年、ベップルはまたしても川で貝を踏み、足裏に傷を負う。前回はそこから運が上向き始めたのだが、今度は傷口から黴菌が入り、体調を崩して間もなくこの世を去った。

アメリカの貝ボタン産業の最盛期は一九一六年で、アイオワ、ニューヨーク、ニュージャージーの三州で工場労働者九五〇〇人、貝の採集人九七〇〇人が従事。貝採取の道具製造やサンプル作りの女工まで加えると相当な規模の産業だった。一個の二枚貝から二十四個のボタンが作れるとして、製造数から逆算すると一九一六年には概数で二億八千万個の貝が採取されたことになるらしい。貝は「ウォッシュボード」「スリーリッジ」「ピグトウ」などの通称で呼ばれ、いずれも厚みがあり内面に美しい輝きを持つ。当然、淡水真珠を宿すこともあった。

一方で乱獲は貝の生息数の減少に繋がる。資源管理当局は、孵化した貝のグロキディア幼生が宿主として利用する魚類を放流して稚貝の確保に努めた結果、一九二八年にはアイオワ州で二百万キロにまで再生した。剥いた貝の身は豚の餌に、ボタンを抜いた後の貝殻は肥料や道路の舗装に使われた。

アメリカの貝ボタン産業は流行の変化や安価な日本製品の進出、ジッパーの台頭、そして樹脂ボタンの登場で終焉を迎えた。貝殻がその後、養殖真珠の核として利用されることになるとは、ベップルは想像もしなかっただろう。

Madson J. 〝Mississippi shell game〟 *Audubon Magazine* 1985
Landman et al. *Pearls A Natural History* 2001

宝石学の泰斗・クンツ博士と宝石の女王『The Book of the Pearl』

真珠研究書の金字塔とされる『The Book of the Pearl』は一九〇八年の刊行。古書価格は高いが、今はペーパーバックで読める。著者本人の経歴は多数の著書のどれにも記されていないので、この際に取り上げておく。

ジョージ・フレデリック・クンツは一八五六年九月二十九日、ニューヨーク州マンハッタンの生まれ。父親は植物の知識が豊富で、日曜日になると幼いジョージを連れて近所の森を散策したという。歩きながら草木の名前などを教えたことだろう。クンツの自然の事物に対する関心の芽はこの幼児期に育まれたものと思われる。

一八六七年、一家はハドソン川対岸のニュージャージー州ホーボーケンに移住。一帯の豊かな自然は少年にとって最高のフィールドと映った。特にクンツ少年が狂喜したのは鉄道のトンネル掘削現場で、掘り起された土砂は様々な宝石の原石を含み、それは文字通り宝の山だった。暇があると現場で原石を採集、毎日ポケットを一杯にして家に戻った。やがて収集が進むと石の分類に詳しくなる。十四歳の頃、コレクションは充実し、収集家同士の交換も可能になった。

クンツ少年は設立間もない私立大学クーパーユニオンに進学したが、授業に出るよりも書物とフィールドから多くを学んだという。そして十九歳の時に四千種類、重さ二トンの鉱物コレクションを完成させる。このコレクションはミネソタ大学が買い取り、クンツは四百ドルと収集家としての名声を手に入れることになった。

翌年、二十歳になったクンツは満を持して秘蔵のトルマリンを手にニューヨークのティファニー宝石店を訪問。応対した店主のチャールズ・ティファニーを魅了し、売り込みに成功する。トルマリンのみならず本人も高く評価され、翌年に宝石主任として入店、二十三歳で副社長に抜擢されて終生その地位にあった。

クンツは宝石を見る力に加えて外国語の理解力に優れ、古代ギリシャ語、サンスクリット、アラビア語の読解を学んで宝石の古文献を読破した。入店後、クンツはアメリカの各地を旅する。それはダイヤモンドやルビーなど商品価値の高い宝石を求めての旅だったが、まだ誰も注目していない石を探し出すことに情熱を傾けた。少年の頃にトンネル工事現場で味わった興奮を仕事の上で求め、これは最高のモチベーションとなった。

トルマリンやガーネット、サファイア、トパーズなどアメリカ各地で集めた宝石と貴石、それに淡水真珠やメキシコ湾の真珠を加え、一八八九年のパリ万博に出品。ティファニー宝石店の展示はアメリカの資源の豊かさを諸外国に知らしめることに大きく貢献した。

そのコレクションは会期終了後、ほかならぬアメリカの大富豪J・P・モーガンの資金協力を得てニューヨークのアメリカ自然史博物館に収まる。

その十年後、今度は一九〇〇年パリ万博のために第二のコレクションを作ることになったが予算を超過した。当時、病床にあったモーガンの了承を瀬戸際で取り付け、パリで公開されると大評判となってグランプリを獲得。モーガンはこの報せを聞いてたいへん喜び、クンツはコレクション中のマダガスカル産ピンク色のベリルをモルガナイトと命名し、スポンサーのモーガンに敬意を表した。

その業績から複数の大学が博士号を授与、二十世紀を代表する宝石学者となったクンツだったが、その根底には他の宝石以上に真珠に対する深い愛情が溢れていた。真珠を「宝石の女王」と讃えたが、それには裏付けがあった。

というのも真珠はその表面のつややかな美しさのうちに強靭な忍耐力を潜ませ、これを女性の持つ特質と捉えていたからだ。それを実証するための実験は松、樫、マホガニーと硬さの異なる三種類の木の板の上に真珠を置き、靴のかかとで踏むという乱暴なものだったが、いずれの場合も真珠は板を凹ませ、自身に何の障りもない。博士は講演でこの実験を行ったというが、会場からの悲鳴が聞こえるようだ。

クンツ博士は箕作佳吉や西川藤吉とも交流があり、日本の養殖真珠について正確に把握していた。また、御木本真珠店のニューヨーク支店に駐在していた瀬尾壽三の昭和四年（一九二九）の書簡には「ドクトルクンツから電話あり、個人として商品を見たい由（ティファニー宝石店とは無関係に）」という記述がある。

個人として、が気になるところだ。残念ながらその後の首尾はわかっていないが、もしも商談成立だったとすれば、真珠の世界的権威から買い上げを戴いたことになり、瀬尾は誇らしげに御木本主人に報告したに違いない。

Joseph Purtell *The Tiffany Touch* 1971

天然真珠を「養殖」したビベス

真珠貝を養殖するのは真珠を採るためで、貝殻と貝柱は余禄と考えるのが普通だ。ところが、その貝殻を主な目的として貝を養殖し、真珠は副産物と考えた人物がいた。二十世紀初め、メキシコのカリフォルニア湾を舞台に養殖場を展開したガストン・ビベスである。ミシュリーヌ・カリーニョとマリオ・モンテフォルテの論文から要約してご紹介しよう。

カリフォルニア湾には *Pinctada Mazatlanica*（マザトラン・クロチョウガイ）と *Pteria Sterna*（レインボー・マベ）の二種の真珠貝が生息しており、スペインの進出以前から先住民の間で真珠貝の採取が行われていた。貝の身は彼らの食用であり、時たま現れる真珠は装身具として使われた。十六世紀にこの地を征服したスペイン人は住民の身を飾る真珠に魅了され、彼らを使役して集めさせた真珠を本国に送った。

その後、メキシコでは安定的に真珠採りが行われてきたが、一八一〇年の独立以後、貝の採取権が外国業者の手に委ねられると乱獲が始まり、二十世紀初めには真珠貝の資源が減少していた。この頃に導入された潜水服も事態に拍車をかけただろう。

ガストン・ビベスは一八五八年カリフォルニア半島ラパスの生まれ。一八八〇年にパリに留学し薬学を学んで帰国するが、二枚貝の増殖に関心を抱き、故郷の海を蘇らせようと考えを巡らせた。

一九〇三年に真珠貝の養殖会社を設立、まず稚貝の増殖を開始する。これより先に御木本幸吉は英虞湾でアコヤガイの資源を回復させたが、その方法は孵化したばかりの稚貝を海中に下げた瓦や煉瓦に附着させるものだった。ビベスは九立方メートルの木箱を作り、中に亜鉛引きの棚を仕掛け、成熟した真珠貝と木の枝を入れて一緒に海中に沈めた。五月から十月にかけて産卵期の貝は箱の中で放卵、受精して発生、木の枝に附着する。孵化した稚貝を附着させて集める手法は幸吉と同じだが、こちらは一網打尽というか一攫千金というか、一箱で平均一万個の稚貝を得たという。孵卵箱は数百個設置したので、集めた稚貝は膨大な数に上る。

産卵期が終わる頃に孵卵箱を陸に揚げる。集めた稚貝は金網籠に移し、養殖場に運ぶ。養殖場は海岸線から陸側に十メートル、左右五百メートルを区切った堤防の中に巡らせた水路で、干満に応じて海水が行き来する設計だ。強い日差しを遮る蔽いも備えている。

籠の中の稚貝はここで半年から八ヶ月を過ごし、六センチまで成長すると次に沖出し行程に入る。ビベスは海底に人工岩礁を設置、貝の生息に最適と思われる環境を整備した。海底にばら撒かれて育つ貝は魚の食害を防ぐために金属製の鎧を着せる。防備も万全だ。

この間、真珠養殖のために手を加えるということはなかったようだ。海中で自然の摂理に任せ、偶然の産物として真珠が誕生することを期待したのだろう。十六～十八センチまで成長した貝はダイバーが採取する。一九〇四年から十年間、年に四回の採集が行われて総計は五百万貝に及んだ。貝殻は一千万枚で、これだけで結構な商売になった。合成樹脂の登場以前、シロチョウガイやクロチョウガイの貝殻はボタン、ナイフやフォークの柄、扇の骨などの素材として珍重されていたからだ。加えて二十万から五十万個の上質の真珠が貝から取り出されたという。真珠層の形成に人の手が関与していないので、これは天然真珠ということになるのか。

ビベスは貝殻を欧米に輸出し、真珠は自らが携えてニューヨークやパリのジュエラーを訪れ、販売した。一石二鳥のビジネスモデルとして大成功といえる。ラパス湾と地先の島を漁場にして作業員は四～五百人ほどだった。メキシコの辺境バハ・カリフォルニアの就労人口は向上したことだろう。昭和の初めまで五ヶ所湾にあった御木本真珠養殖場の半分程の人数で、相当な事業規模だ。
一九一〇年、独立戦争から一世紀を迎えたメキシコでは、三十五年もの間、権力を掌握し続けたディアス大統領への批判が高まった。翌年にかけて反政府勢力はメキシコ各地で蜂起。地方の行政官でもあったビベスは革命の動きの中で困難な立場に追い込まれる。一九一四年、武装勢力がラパスに侵攻、養殖場も攻撃を受けた。その部隊を指揮していたのが真珠業でライバル関係にあった男で、絶好の機会とばかりにビベスの養殖場設備を略奪、破壊し尽くす。

ビベスはアメリカに逃れ捲土重来を期すが、養殖場復活の夢は絶たれたまま、一九三九年に生涯を閉じた。事業家としては不遇な後半生だったが、貝の増殖に特化した資源の有効活用は持続可能な養殖を先駆けているようだ。学ぶ価値があるのではないか。

Micheline Cariño & Mario Monteforte　History of pearling in La Paz Bay, South Baja California

Gems & Gemology　Summer 1985

大垣貴志郎『物語メキシコの歴史』中公新書、二〇一七年

パリの真珠王・ローゼンタール『Pearl Hunter』

十九世紀から二十世紀初頭、パリのカデ通りからラファイエット通りには真珠を商う人々が四百人もいた。と言ってもそのすべてが店を構えていたわけではない。

大別すると、在庫を抱えるディーラーと、その指示で動くブローカーがいて、それぞれの役割分担で棲み分けしていた。ディーラーは資金を商品につぎ込んでいるからどうしても数字に深刻になるし、一方のブローカーはその心配がないかわりに足と耳で稼がなければならない。それぞれ顔つきや風采も違ってくるのは当然だろう。

そんなパリでまず名前の挙がるのがレオナール・ローゼンタールとジャック・ビーネンフェルドだった。ローゼンタールはウラジカフカス（北オセチア）の出身で、様々な仕事を経験した後、パリで真珠商を開始。二人の弟を中東と南米に送り込んで産地を一手に掌握した。一方のビーネンフェルドはウィーンで金細工の徒弟を終え、パリに拠点を構えた。ローゼンタールには自伝のほかに二冊の著書があり、真珠の啓蒙書を通じて多少名前は知られているが、ビーネンフェルドの知名度は低い。ベネズエラ沖に真珠船団を常駐させ、世界主要都市に支店を持ち、真珠産地から送られた情報を「La Perle」という機関誌を通じて普及に努めた、こちらも真珠王のひとりといえる。

ローゼンタールの自伝『Pearl Hunter』はフランス語原版が英訳されているが、回顧録だから脚色も誇張もあるものと思って接するべきだろう。たとえば養殖真珠について。

養殖真珠が市場に出る前、ローゼンタールはすでにこの種の品物を掴んでいたという。それは一九一三年（大正二）、香港と上海からの委託品として送られていた天然真珠の包みを検品していた時だった。中身は中国官吏の衣裳に使われたボタン型の真珠で、裏側には糸を通す穴が逆V字の形で開けられている。革命以後の盗掘で市場に出たもののようだが、その中にどうも重さが気になるものがいくつかあった。ローゼンタールがそれらを切断して確認すると中から丸い蜜蝋の粒が現れた。まぎれもなく人の手が加わった真珠だった、と感嘆符付きで紹介している。

その二年後、今度は日本から届いた包みの中には穴の開いた真珠が入っていて、その少し欠けた開口部から中に芯のようなものが見えたという。とすれば一九一五年（大正四）のことだが、まだ真円真珠は量産体制に入っていなかった頃で、そもそも養殖真珠だったのか、日本のものとすればどこで作られ、誰がどういう経路で出荷したものか。

専門家の目を欺こうとする闖入《ちんにゅう》者の出現で世界の真珠市場は混乱に陥るという予感にローゼンタールは慄いた。その後、同様の品が次々と日本から送られてくると、何らかの対策の必要を感じたローゼンタールは、親しい同僚と合同でオリエントの真珠すなわち天然と、人の手で作られたものとを同じ名称で無差別に扱うディーラーを告発した。そして「長い月日の後、我々は勝利し、『養殖真珠』は宝石の新しいジャンルとなった」と簡単にまとめる。立場が違えば見解も異なる。

彼らが対応措置として取ったのは日本産真珠に対する輸入拒否などの手段で、パリの御木本真珠店代理人だったルシアン・ポールがいわれなき営業妨害に対する民事訴訟を起こし、これは御木本側の勝訴に終わった。

けれどもローゼンタールは養殖真珠を認めていなかったわけではない。表面上は素晴らしい美しさを持つ養殖真珠が天然真珠より安価で容易に入手できることが問題だった。希少性とそれに基づく価値が天然真珠の持つ強みではあるが、見分けが付かないのなら出自だけが拠り所だ。双方を同じテーブルで比較せず、産地表示などで天然と養殖の違いを明確にすべきという主張は商売人としては当然だし、消費者保護の観点では進んだ考え方といえる。天然と養殖にそれぞれ共存の道があるのなら、争いは無駄なばかりか、真珠の商売全体に関わる。

当時の養殖真珠がどれほどの脅威だったか、パリを訪れたアラビア人が国の天然真珠商人に送った手紙から窺うことができよう。

「五年もの間養殖された真珠が海から取り揚げられ、二ヶ月後にはこのパリに送られてくることになっております。それによって天然真珠市場は大きな打撃を受けるであろうというのが大方の予想です。五年もの間、じっくりと養殖された真珠は、きっと色艶も良く、天然ものと区別することは難しいでしょう。神よ、憐れな真珠採り達を助け給え」（池ノ上宏『アラビアの真珠採り』）

後年、ローゼンタールが養殖真珠を扱うようになったのは、利のあるところに寄ってゆくという、商人としての論理に従ったまでと思える。

Leonard Rosenthal *The Pearl Hunter* Henry Schuman 1952

池ノ上宏『アラビアの真珠採り』一九八七年

池田嘉吉とブータン博士『La Perle』

御木本幸吉を陰で支えた御木本真珠店総支配人、池田嘉吉に触れておく。明治九年（一八七六）、兵庫県美嚢《みのう》郡三木町（現三木市）に生まれ、東京帝国大学法学部を出て韓国銀行に入行。仁川《インチョン》支店長となる。同四十年五月、御木本幸吉三女ようと結婚。同年御木本真珠店に入店、大正二年（一九一三）四月に渡欧する。大正天皇即位の礼に備え、英国の戴冠式を視察するのが目的で、同時に多くの装身具図版を持ち帰った。御木本真珠店は大正四年、皇后に公式胸飾り、同六年に第二公式ティアラを調製。皇族への納品に実績を重ね、その後の宮内省御用達につながってゆく。

英仏語に堪能だった嘉吉はその後も度々海外に出張した。大正十二年二月の渡欧では四月八日からベルギーのブラッセルに滞在。書簡には「ブラッセル博覧会」とあるが、この年に同地で博覧会が開催された記録はない。同じ時期に「第五回国際歴史科学会議」が開かれており、嘉吉は「皇帝陛下（当時ベルギーの皇帝はアルベール一世）の招きで開会式に出席」と記しているので、この会議のことだろう。

今でも研究集会などの際に関連業者が展示ブースを設営することがあるが、この会場で恐らく養殖真珠を広報する機会があったと思われる。幸い、宝石商の関心は高く、地元組合からの要請で会議終了後に改めて説明会を開くことになった。嘉吉は自信を得てパリからボルドーに移動。十四日、ブータン博士に会見する。

ルイ・ブータンは一八五九年の生まれ。パリ大学で生物学と博物学を学び、大学講師を務めた後、潜水技術を習得、南仏バニュルス＝シュル＝メールのアラゴ研究所教授となった。水中での発光装置を開発し、水中写真の先駆けとなって写真集を発行。作品は一九〇〇年のパリ万博で公開され、評判となった。

一九〇四年ハノイに派遣され、稲の栽培技術と貝の増殖研究に従事。帰国後ボルドー大学教授に就任するが、一九一四年に第一次世界大戦が勃発すると、フランス海軍のダイビング装置として自律式スキューバの開発に取り組んだ。潜水技術分野で功績を挙げた人物だったのだ。

終戦後に真珠の生成研究を再開。アメリカの宝石学者ジョージ・F・クンツによれば、ブータンの真珠研究はアワビを用いた養殖に関するもので、一八九八年のパリ科学アカデミーに論文として発表された。アワビは生命力が強く、真珠を作らせるのにふさわしいと見た博士は、貝殻に小さな穴を開け、貝殻製の小粒を外套膜の間に入れて穴をふさぐ。あるいは貝の呼水孔に落とし込む。すると数ヶ月のあいだに小粒の貝殻は真珠層に覆われ、球状のきれいな真珠ができるという。半年もあれば十分に美しい光沢が得られるとあり、クンツはこの試験を有望とみているが、これでは貝殻内面に癒着して半円真珠になるのではないか。その後、アワビの真円真珠養殖が進展したとは聞かず、理論と実践では乖離《かいり》があったようだ。

　ボルドー大学の研究室で博士と面会した嘉吉は養殖真珠について改めて説明し、パリで持ち上がった養殖真珠の真贋問題に対する解決の援軍を依頼したことだろう。真珠の生成とその本質について理解し、実際にアワビ真珠を手がけた研究者にすれば、貝の種類こそ違え、養殖に成功した御木本幸吉には一目置いていたはずだ。その命を受けて、はるばる東洋の小島から訪ねてきた真珠店総支配人の態度に誠意を感じたというべきか。この場はパリ代理店のポールが仲立ちをしたが、それまでに二人の間には何らかの交流があった様子で、博士の著書には一九一四年五月三十日付書簡で、池田嘉吉が最初の真円真珠完成の時期を伝えてきたことが記されている。

ブータン博士は当時、南仏アルカションの生物研究所評議会長職についており、会見翌日、嘉吉は招かれて名産カキの馳走に与る。ボルドーからアルカションまで鉄道で二時間半を移動。アルカションの潮風は嘉吉に志摩の海辺を思い起こさせたことだろう。

しかし、ボルドーからパリに戻った嘉吉を待っていたのは残念な報せだった。パリでの真珠騒動がブラッセルにも及び、様々な懸念から説明会は中止になったという。やはりパリの事態解決を急がなければならない。

ブータン博士は一九二四年にアルジェ科学大学に移籍。代表的著作『La Perle』を上梓する。同書は日本の真珠養殖についても章を設けて解説しており、御木本の五ヶ所養殖場の図版が多数使われている。これらの写真と情報は池田嘉吉が提供したもので、挿核作業の過程はもとより、養殖場の設備や資材、海女の役割についても詳しく述べられている。

パリ裁判で「ブータン博士などの権威者が御木本側の証人となって正論を述べた」という、伝記の簡潔な記述の背後には池田嘉吉との親密な友誼があったことを窺わせる。

『御木本真珠発明一〇〇年史』株式会社ミキモト他、一九九四年

L.Boutan *La Perle* chez Gaston Doin　Paris 1925

真珠よりも貝殻　バーギ『南洋の真珠』

実際にダイバーとして活動した人物が書き残した真珠貝採取の奇談。スウェーデン人ヴィクトル・バーギの半生を綴ったノンフィクションを昭和十八年（一九四三）の翻訳をもとにご紹介する。

バーギは一八九一年、寒村オッケルブー生まれ。十一歳で一家が離散という境遇に置かれたバーギが国内を放浪、ボスニア湾西岸のセーデルハムン、ボルネスなどを渡り歩く。当時、日本の読者にとってこれらの地名はほとんど意味を成さなかっただろう。今の私たちはＰＣ上で町の様子は一目瞭然だ。

バーギは満足な仕事に巡り合わず海外に脱出。南アフリカからオーストラリアを経由してセレベス、セイロン、ジャワ島と様々な国と地域を経巡る。スラバヤの港から小さな船に潜り込み、バンダ島へ行く途中で中国人の親方と出会って真珠貝採りの仕事を知った。

十八歳のバーギはここで潜水夫として生きることを決意し、ラン諸島、ムナク島、ケイ諸島など真珠貝のいる海底、いわゆる貝床を目指して潜る。この場合、採取船の親方が目当てとするのは真珠貝の貝殻であって、真珠そのものではない。貝の中に真珠があればそれは潜水夫のものという取り決めだが、もちろんそう易々と大きな真珠は出ない。

二十世紀初めの記録を見ると、マレー半島やオーストラリア近海では真珠よりも貝殻の産出額が勝っている。司馬遼太郎の『木曜島の夜会』でも同様に、採取船の親方が期待しているのは貝殻で、真珠を見つけたときは船上で分配して小遣いにした、とある。

真珠貝は美しい光沢と耐久性からボタンや扇の骨などに加工する素材として、特に西欧社会で珍重されていた。明治初期に日本人ダイバーがオーストラリアに渡って貝を採取していたことは知られているが、当時、日本で使われていたのはヤコウガイやタカセガイなど比較的安価な貝で、貝ボタンの細工職人はシロチョウガイやクロチョウガイなど「おごそかでさわったこともない」というほど高価な材料だった。

オセアニアの伝統社会ではクロチョウガイを切断加工して疑似餌や包丁に、あるいはそのままを貝貨として利用してきた。小型のクロチョウガイを五、六枚、ココヤシの紐で繋いだ貝貨は村の定めを破った時の償いとして用いられた。シロチョウガイの貨幣はそれよりも価値が高かったが、一方で真珠は彼らの社会ではまったく使われてこなかったという。

そうはいっても貝を採取する時に、大なり小なり真珠の出る事はあるだろうし、なぜ真珠に対して冷淡だったのか。禁忌か独占か、何か理由が潜んでいたのかも知れない。

さて、バーヂはその後、アル諸島の海底で重さ六十グレーンの大真珠を採取するという幸運に巡り合う。その真珠を売って一四〇〇ポンドと真珠採取のラガー船を手に入れ、船主となって仲間四人と真珠採りの旅を続ける。その行動範囲はボルネオから東はイースター島に至り、北はマーシャル諸島から南はツアモツ諸島まで。これはアフリカ大陸の二倍以上の広さだったと自慢する。

だが、読み進めると真珠採りそれ自体の記述より、海底で出会った蛸や鱶《ふか》などの危険な生き物についての記事、それにメラネシアやミクロネシアの島々の原住民と遭遇する話がかなりの分量で、しかも熱意をもって語られている。実際、蛸や鱶の生態とその恐怖、生物同士の対決などに力を入れて記述しているので、真珠で大儲けを夢見て海に潜るというより、本人は純粋に冒険心の旺盛な性格だったのだろう。

それでしだいに金儲けに嫌気がさし、仲間と別れてオーストラリアのアデレードに上陸、教会の尖塔にひび割れがあるのを見つけると、それが契機となって建築の仕事を開始。成功すると、結婚して今度は南アフリカで農場の経営者となる。ずいぶん起伏に富んだ人生だ。

ところが最後にまた逆転があり、やはり陸での仕事にも満足できず、家族と別れて再び海に出て真珠採りを再開する場面で第一編と第二編「南洋の驚異」が終わる。

第三編の「南洋の真珠」で潜水技術、真珠の価値、それに模造真珠と養殖真珠の知識が記されている。こちらも作者自身の経験に基づいており、潜水夫と船上で綱を持つ係との間で行われる、綱の引き方で意思を通わせる方法などは実際の経験者しか知り得ない。

日本にも足を伸ばし、珊瑚採集の調査でトカラ列島北端の口之島まで来ているが、やはり真珠貝採取が一番性に合っていた。バーチは真珠採りと真珠商人とは全く別の人種で、自分は商売には向いていないと述懐している。けれど、パリに真珠の売り込みに行く時はまず背広を新調して身なりを整えないと、などと記していて案外世事に疎い人でもなかったらしい。

ヴィクトル・バーチ　清水暉吉訳『南洋の真珠』泰文堂、一九四三年
司馬遼太郎『木曜島の夜会』文藝春秋、一九七七年

水田弥吉の貝工芸と「ワシントンの生家」

養殖真珠の普及のために御木本幸吉は様々な仕掛けを活用したが、その最大の場が博覧会だった。

「博覧会は十九世紀半ばにつくりだされた新しい情報環境」（吉田光邦）で、メディア装置のひとつといえる。明治期の御木本真珠店は、一八九三年のシカゴをはじめとして世界各地で開催された博覧会に積極的に出品した記録があるけれど、これは政府の産業振興策を受けてのことで、独自の海外展開とはいえない。実際、地方からも小規模な個人商店まで参加しており、寄合の出店だったと想像される。

御木本真珠店が昭和以降に参加した博覧会は昭和八年（一九三三）のシカゴ、十二年のパリ、十四年のニューヨークの三件だが、いずれも三千万〜四千万人の来場者を数えた大規模なイベントで、その都度、単独のブースを設けて人目を惹く工芸品を出品している。

昭和八年のシカゴ博覧会では「ワシントンの生家」を製作展示した。これは昭和二年に幸吉が渡米の際、マウントバーノンにワシントンの邸宅を訪問し、「この家は伊勢の大神宮のようなものだからアメリカ人に受けるだろう」との着想を得たと側近の加藤虎之助が述懐している。昭和七年にウィルソン大統領夫人が来日、志摩の多徳養殖場に幸吉を訪ねた。その時に土産として手渡されたのはワシントン生家の模型だった。

幸吉の四女・乙竹あいは『父を語る』で、これがヒントとなったと語っているが、直前年のこと、すでに着工していたはずで、進行の後押しにはなったかも知れない。実際に貝細工での製作を手がけたのは大阪の水田弥吉だった。

水田弥吉（栄斎）は兵庫県豊岡の生まれ。特産の柳行李製造など色々な仕事を経験した後、大阪の枚方で貝工芸を始めた職人で、平和博覧会やフィラデルフィア博覧会に出品した「御木本五重塔」の実績があり、細工技術には定評があった。

「ワシントンの生家」の模型は間口一尺六寸（約五十センチ）の大きさで、実際の邸宅を六十分の一に縮尺。「五重塔」と同様に木材で骨格を作り、表面にシロチョウガイから削り出した板を張り付ける手法で、屋根にはクロチョウガイが使われている。真珠は二万四三二八個。「五重塔」同様に本体と基壇上面にばらまかれた状態で使われ、当時、五十万ドルと報じられた。台座は米国旗を意識した紅白のストライプで塗装され、この仕様は昭和十四年の「自由の鐘」に引き継がれる。国旗掲揚用の竿は細い鉄の棒に貝を貼り付けたもので、加藤自らがこのアイディアを出したという。

加藤虎之助は明治十七年（一八八四）、鳥羽の生まれ。四十一年、神戸高等商業学校を出て御木本真珠店に入店、主に卸部門で勤務した。池田嘉吉、鈴木弥助とともに真珠店の屋台骨を支えた人物で、海外出張も数度に及んでいる。「生家」の製作にあたっては詳細な資料を集めて水田弥吉に提供した。

シカゴ博覧会の開催時期は大恐慌から復活途上のことで、アメリカにはまだ失業者も多く入場者は予想を下回ったが、外国館日本部中央陳列台に置かれた「ワシントンの生家」は、目論見通り非常な好評を博したという。

幸吉は当初から、この作品をアメリカに寄贈する考えを持っていた。博覧会終了前の九月に加藤虎之助は渡米、カナダ・ヴィクトリアの病院に入院中だった教育者の新渡戸稲造を見舞い、主人の意思を伝えた。その後、出渕駐米大使の仲介で、生家の模型はスミソニアン博物館に納まることになる。新渡戸稲造は同年、カナダのバンフで開催された太平洋問題調査会の日本団団長だったが、現地で体調不良に陥り入院していた。同調査会は渋沢栄一が初代評議委員会会長に就任しており、幸吉はその関係で新渡戸との知遇を得たのではないかと推測される。アメリカ特命全権大使だった出渕勝次は軍部の意向に反して日米親善に努めた人物であり、志摩を訪れるなど幸吉との親交があったから、この話は好意的に進められただろう。幸吉なりの民間外交の実践というわけだ。

マウントバーノンはワシントン家の農場一帯が史跡公園として整備公開されており、邸宅はポトマック川を見下ろす高台にある。ストリートビューで見る実際の邸宅と比べると、模型は屋根の庇廻りの装飾が異なっている以外はその姿を良く写している。ただし博物館に残っている写真はポトマック川に面した側からのアングルだけで、庭園側から撮ったものは一枚もない。そちらは裏側という認識だったのだろうか。

この工芸品は長らくスミソニアン博物館の収蔵庫に収められているようで、観覧はできない。修復を兼ねて、日本での里帰り展示は如何かという提案も同館に断られた経緯がある。水田弥吉の孫で、貝細工の仕事を継承した博幸氏（晃玄）は、渡米とともに見学を念願していたが叶わないまま先年物故された。日米友好の証として寄贈された「ワシントンの生家」だが、泉下の幸吉にすれば現状の扱いは大いに悔やまれるところではないか。

加藤虎之助『御木本主人と私』私家本　一九六八年

秦豊吉の見たシカゴ博覧会　『伯林・東京』

昭和八年（一九三三）に開催されたシカゴ博覧会の実際を知るには公式記録にあたるのが最良だろうが、古書で十二万円。費用対効果を考えれば手が出ない。たまたま検索で目に留まった秦豊吉《はたとよきち》の随筆集『伯林・東京』に、この博覧会の見聞録があったので抜粋して紹介する。

秦豊吉は明治二十五年生まれ。東京帝大独法科を出て三菱に入り、ベルリンに派遣された。帰国後、小林一三（阪急東宝グループの創業者）に認められて東宝に勤務、戦後は帝国劇場の社長を務めた異能の人物で、丸木砂土《まるきさど》の筆名でも多くの著作を残している。

冒頭「博覧会がお祭り騒ぎである意味において、陳列品を研究的に見せようとする展覧会とは自から区別しなければならぬ」と断言する。博覧会と展覧会（博物館）の違いは国立民族学博物館の初代館長だった梅棹忠夫《うめさおただお》が常に注意していた博物館学の基礎だが、すでに昭和の一ケタに言及されていたとは知らなかった。秦の慧眼に驚く。

「シカゴ博覧会広しといえども日本位真面目に、義理堅く出品している館はない。何々学校生徒作品のでんでん太鼓、竹細工、博多人形、枇杷、柿の造物、何々大学のハヤのアルコール漬け、豆田螺《たにし》の標本から始まって某県名産という錠前、ナイフ、西洋人は使わないはずの懐炉、南洋支那向けのセルロイド製品、野球の道具、インキ、謄写版、これも西洋人は使わない筈の真書の細筆、子供のちゃんちゃんこ、懐中電灯、トランプ、京都名産摘み細工、柱かけ、黒革半靴、タイル、薩摩焼、靴紐、電気機関車模型、肝臓ジストマ標本…。ああ所はこれ世界ギャングの巣窟、カポネの都、牛が缶詰に飛び込む大都市シカゴ、客はアリゾナ、テキサス、カンサスの赤ハンカチの田舎者、その前へでんでん太鼓、何とか懐炉、真書の毛筆を並べて、これが日本だといわれては、愛国心では誰にも負けぬ僕も、さすがに肩身の狭い思いがしずにいられない」（原文ママ）

読んでいてこちらも肩身が狭い。日本の産品を紹介するにしても、貿易振興が念頭にあるのだったら相手の国民がどういう品物に興味を示すか、事前に調査して展示品を選別すべきだと秦は言っている。

そこで「日本の真珠王は、五十萬ドルの真珠の家を出品している。五セントの絹ハンカチは、見ていても愉快な程に、飛ぶが如く売れている。日本少女の糸取りの仕事は、米国の女の眼を丸くしている。（中略）それなのに惜しい。実に惜しい。真珠、絹、茶、こんな大事な良いものがあるのに」と指摘した秦は、返す刀で自身の策略を述べる。

「僕は日本館の屋根の上へ『日本より亜米利加のレディへ』とスロオガンを掲げる。出品は女の飾りたがる真珠、女の欲しがる絹、女のお気に召す茶、それだけで良い。相手は女第一の米国だ。これに全力を尽くす」。そうして他の雑貨は売店で即売してしまうが、肝臓ジストマの標本やでんでん太鼓、毛筆は又の機会にしてもらおう、と言う。

秦は続けて、日本館自体の商業美術家が必要と述べている。今日ではこうした展示を計画する際に重要な役割を担う総合プロデューサーを置くのが常道だが、そういう任務にあたる人物が不在だったか、あるいは博覧会の近代性とその目的が十分認識されていなかったのだろう。「徒らに日本趣味に拘泥し、集まったものを並べるだけでは、将来の日本館は、どこの場合でも決して客足をひかぬであろう」と秦の評点は辛いが、まことに正鵠《せいこく》を射ている。

この指摘に合わせたかのように、御木本真珠店は一九三七年のパリ万博に帯留「矢車」を出品する。帯留は日本の装身具ではあるが、「矢車」は本体裏側の部品を取り換えることでブローチにも指輪にも使える多機能を備えている。日本由来の伝統意匠を基礎に、新しい時代感覚を取り入れたデザインは博覧会で認められ、客の求めに応じて販売された。
　また一九三九年のニューヨーク博覧会に出品した「自由の鐘」にしてもアメリカの観客を意識した選択の結果といえよう。海外の消費者に訴えかけるには、もはや日本的な「軍配扇」でも「五重塔」でもない。加藤虎之助はじめ現地のスタッフはそうした動きを皮膚感覚として捉えていただろうし、「ワシントンの生家は日本の大神宮さんみたいなものだから受けるだろう」という真面目とも冗談ともつかない幸吉の判断が、海外での知名度向上に大きく寄与したことは疑いがない。

　幸吉の「商売は女相手に限る」という方針と、「女性の気に入るものに全力を尽くす」秦の主張は見事に一致しており、二人の間に交流でもあったのか。秦が師匠と仰いだ小林一三は幸吉と知己の間柄だったので、あるいはどこかで出会っていたかと思いたくなる。随筆集『女の絵はがき』には鳥羽や志摩の話題もあるので、真珠島や英虞湾の養殖場を訪れたのかも知れない。

秦豊吉『伯林・東京』岡倉書房、一九三二年

バルト海と白海の真珠　ストラックの報告

ロシア国境周辺の地図を目にする機会が増えた。ウクライナの北はベラルーシ、その先はバルト三国だ。その真中のラトヴィア共和国は一九九一年に旧ソヴィエト連邦から独立を果たしたが、それまで幾度となく他国による侵略と支配を被ってきた。

紀元前からバルト人が定住していたところに、十世紀に東からロシア人、南からはドイツ人の侵略を受け、十七世紀にはスウェーデン人が攻め入り、そして十八世紀にはピョートル大帝のロシアの占領下に置かれた歴史を持つ。

首都リガは「バルト海の真珠」の美称で呼ばれる古い都である。だが、バルト海に真珠貝が生息しているわけではない。この国で採取されていたのは淡水貝の真珠であった。

ラトヴィアのフラッグ・キャリアであるエア・バルチックの機内誌「アウトルック」に掲載された二〇〇一年の記事によれば、真珠採りは五百年以上も前から土地の農夫たちによって密かに行われ、採れた真珠はモスクワで売買されていた。一七〇〇年頃の記録には、真珠貝は鱒のいる流れの早い川底に突き刺さった状態で密生しているとあり、これはカワシンジュガイの生態を正確に捉えている。

　奇妙なのは真珠を抱くのはメスの貝だけと考えられていたことで、熟練した真珠採りは外観から雌雄の区別ができ、オスには手を出さない。貝を傷つけぬように取り上げると、そっと貝殻を開いて貝が気付かぬうちに真珠を取り出し、再びもとの砂礫の間に戻しておく。そうすればやがて貝は再び真珠を抱くという考えなのである。

　資源に対するこのような配慮はラトヴィアに限らず、ドイツの河川でも同様で、小さな真珠を含んでいる場合には目印を付けて戻していた。一説にカワシンジュガイは七センチほどの貝で三十五年、十三センチほどの大きさになるまでに一二〇年を要するというから、真珠だけを採り、貝は残すという方法が一番理に適っている。

　スウェーデン王が王権のもとにラトヴィアの川で採取を行った一六九四年の記録では、六十六個の最上級真珠、まずまずのもの三十四個、やや劣るもの一四七個、小粒真珠は五十一個だったという。ロシアの支配下となった一七四五年、エリザベータ女帝がスウェーデン人を任命して真珠採取にあたらせた。ところが指揮に当たったこの人物は長い間インドに駐在して、真珠については一応の知識を持っていたのだが、海での真珠貝漁しか知らなかったものだからたまらない。

号令一下、川に入った作業員は手あたり次第に貝を採っては片っ端から開け、大量殺戮のあげく貝殻の山を築くことになった。無知ほど恐ろしいものはない。そうして採取された真珠はエリザベータ女帝の冠に用いられたというが、大きなものはごく僅かで、麻の実ほどの真珠でさえ数千個の貝に一個程度だったという。

地図で見ると、ロシアの大地には大小無数の河川が毛細血管のように流れている。かつて、これらの川の各所に貝がいくらも生息していて、真珠を採り、商った人々や、身を飾った娘たちがいたのだろう。それはそれで微笑ましく、望ましい営みだったように思える。けれども海外からの観光客が、日本では今も海女が真珠を採っていると思う（思いたい）ように、こうした牧歌的な情景は過去の幻影でしかない。

大部の研究書「PEARL」の著者であるエリザベス・ストラック女史が二〇〇〇年代の初めに、ロシア北端白海沿岸のコラ半島とカレリア共和国の数ヶ所で調査した報告を読んだ。それによれば、土地の知識人や科学者、さらには一般住民を対象に、当時七十歳代から八十歳代の十数名に聞き取りを行ったが、誰一人として自分の住む地域で、かつて真珠貝採取が行われていたことを知らなかった。その年代が成人に達していた一九三〇年から四〇年代には、すでにロシア北方での天然真珠採取は消滅していたことになる。

コラ半島南岸のヴァルズカという川沿いの町は巡礼地で、教会にはロシア正教のイコンが残されていた。だがそれは近年のもので、聖画を荘厳するオクラド（覆い）に使われていたのが中国製の淡水真珠とわかってストラックは落胆している。また、同じ白海沿岸の別の町にある博物館が収蔵するココシニク（頭飾り）に使われていた真珠の多くは模造だったとも報告している。

地元産よりも中国産の淡水真珠や模造真珠が見た目に美しく、安価で入手し易いのなら、人はそちらを使うだろう。カワシンジュガイは幼生がヤマメやイワナなどに寄生する特異な生活史で知られ、今では真珠を生むことは関心の外に置かれている。貝にしてみれば、その方が気楽というものだが。

Elizabeth Strack European Freshwater Pearls: Patr1-Russia *The Journal of Gemmology* 2015/Vol.34/No.7

幻の千歳川淡水真珠養殖

日本のカワシンジュガイは昭和四十年代以降、河川改修やダム工事、家庭排水、農薬など人為的要因で環境が悪化、生息域が減少した。今は絶滅危惧種ＩＢ類（ＥＮ）に指定されているからむやみに採取することはできないが、昔は人との関係も濃やかだったようだ。知里真志保『分類アイヌ語辞典』には北海道の各地で食用になった事例が記されているし、岩手や福島など生息地の子供たちにとっては川遊びの獲物の一つでもあっただろう。けれども、その中から天然真珠を得ることは稀だったように思われる。

カワシンジュガイの養殖については『真珠養殖全書』（昭和四十年）に、「現在でも北海道千歳川でこの養殖試験がおこなわれている」とある。だが、実際には養殖試験ではなく事業として成立していた。以下、伊達市の吉野克氏による報告をもとにしてご紹介する。

十勝出身の松山宏は、昭和二十六年（一九五一）に早稲田大学政経学部を卒業。在学中からカワシンジュガイの研究を行い、その真珠養殖を着想した。現地でカラスガイと呼ばれていたカワシンジュガイの真珠に興味を持ったのは味噌醤油の製造過程からだった。戦時中、物資不足のため川の二枚貝がアミノ酸の原料として使われ、貝を煮た鍋の底に美しい真珠が溜まっているのが記憶に残っていたのだ。

父親の経営する真珠販売会社に籍を置いて道内の河川湖沼を巡り、貝の生態や分布状況を調査。そして淡水真珠の研究に実績のある藤田昌世の指導を受け、琵琶湖の養殖場で修業し技術を習得した。養殖試験は道南の大沼、道東の中標津《しべつ》川、道北の風連川など各地で行ったが、台風、洪水、それにモクズガニの被害にあい、結局千歳川だけが無事に残った。

昭和二十七年に試験開始。同三十年に真珠養殖組合を設立し、川沿いに拠点を構えて本格的養殖を開始する。支笏《しこつ》湖を源に石狩川へと注ぐ千歳川は、カワシンジュガイが豊富に生息していて条件は申し分ない。女性十四名を含む従業員十八名が貝の採取と核入れに励んだ。外套膜《がいとうまく》片と核を挿入する作業だが、挿核の部位など詳細については明らかではない。大型で外套膜の厚みがあるイケチョウガイと違って、小さなカワシンジュガイに施術するには独自の工夫が必要だっただろう。漁業権の設定、河川の占有許可を得て、昭和三十一年に挿核四年目の貝を開けると見事な真珠が次々と取り出された。「古代紫」と呼ぶ淡い紫色を帯びたものが多かったという。

同年十九万個、翌年は三十万個の施術貝を川底に放流して養殖事業は順調に進んでいった。四年から五年で三ミリから四ミリの真珠を得たが、歩留まりは三割、最上品は五分程度だった。

昭和三十三年夏、札幌市で開かれた北海道大博覧会の記録誌には、水産館で「養殖の模様を壁画で示し、実際に池を作り、殻から取り出す実演や加工の実演」を行った様子が写真入りで紹介されている。同年には札幌市内のデパートで販売。昭和三十年から三十三年までに十三キロ、二万個の真珠を生産したという。

ところが昭和三十七年に暗転する。九十万個の貝に施術したその年の秋、河底が掘り返されてしまう事件が起き、大半が損なわれてしまったのだ。千歳川の水路切り替えに伴う工事によるものだったが、道の土木当局は漁業権の設定を把握していなかったという。これが引き金となり、松山の事業は下降線をたどる。

役所を相手の補償交渉は難航する。その間にもイケチョウガイの養殖やアワビ真珠の試験など新たな事業の展開を図った。しかし、次第に運転資金の調達が困難となり、昭和四十年代末に事業休止に追い込まれてしまう。母貝を天然資源に依存していれば、いずれ立ち行かなくなるのは自明であった。

吉野氏は道内でカワシンジュガイでの真珠養殖が行われていたことを知ると、その実相に迫るべく「北海道真珠養殖漁業生産組合」の看板が掲げられた松山の自宅を訪れた。けれど主はすでに亡く、夫人は最初、訪問を受け入れてくれなかった。何度も通ううち、少しずつ聞き取りができるようになったという。後に、養殖事業で色々と辛い体験をされたと判り、夫人の気持ちを思いやっている。

「北海道では、昭和三十年に北海道真珠養殖漁業協同組合が設立され、カワシンジュガイを母貝とした淡水真珠養殖がおこなわれていました。しかし、カワシンジュガイはイケチョウガイなどよりも成長が遅く、生産性が悪かったため、産業としては失敗に終わってしまったようです」（川合唯史「カワシンジュガイを知っていますか」）という簡潔な記述の背後に、こうした人生の明暗があったことを記憶しておかなければならない。

知里真志保『分類アイヌ語辞典』日本常民文化研究所、一九六二年
岡田雋他「カワシンジュガイを母貝とする真珠養殖事業の成果について」一九六六年
吉野克「千歳川における真珠養殖事業」新千歳市史機関誌『志古津』一二号　二〇一〇年
川合唯史・中村太士編『北海道水辺の生き物の不思議』北海道新聞社、二〇一三年

cafe 4

貝料理あれこれ

『プロのための貝料理』（柴田書店、二〇一七年）という本を手に入れた。

帯に「貝料理と専門店の基本技術」とあり、和・洋・中・ベトナムの貝料理バリエーションが二〇〇種紹介されている。貝についての基本知識から始まり、からだの構造や部位の説明など、貝類図鑑と見紛うが、身に含まれる栄養一覧表があるあたりは料理本だ。

取り上げられた貝の種類を以下に列記する。イガイ、タイラギ、アコヤガイ、ホタテガイ、ヒオウギ、ナミガイ（白ミルガイ）、ミルクイ（本ミルガイ）、ホッキガイ、バカガイ（アオヤギ）、ハマグリ、アサリ、ウチムラサキ（大アサリ）、ホンビノスガイ、シロガイ、トリガイ、イシガキガイ、オオマテガイ、アゲマキガイ、シジミ、カキ、と以上が二枚貝。

後半は巻貝の部で、サザエ、アワビ、トコブシ、ツブガイ、アカニシ、シロバイ、エゾバイ、ツメタガイ、マツバガイ、クマノコガイ、ナガラミ、バテイラ、ヤコウガイと続き、貝以外にカメノテ、フジツボ、それにホヤが紹介されている。ホヤを貝の仲間と思う人もいるらしいが、これは別の動物門。

食用に流通する海水産貝類の概要と料理を美しいカラー図版で紹介した、稀有の本といって良い。

最も馴染みの深いのはカキで、フライからグラタン、アヒージョ、中華の炒め物など、美しい写真を見るだけで食欲をそそられる。掲載された料理は、すべて東京都内にある専門店のメニュー。表題の通り、プロ向けに演出を凝らした内容なので、家庭で再現するにはハードルが高いが、捌き方や下ごしらえなど役に立つ情報も多い。

気になるのはアコヤガイ。解説には貝柱を刺身、天ぷら、酢の物にとあるが、作例には貝柱の佃煮しか出てこない。炊き込み御飯、吸物、一夜干し、酢味噌和えなど様々な料理が可能なのに、やはり食材としての認知度は高くないようだ。

国立真珠研究所でアコヤガイの細胞培養研究に業績を残された町井昭先生のことを思い出す。先生は中華事物に造詣深く、著書『真珠物語』（裳華房）に、『中国南珠』なる書物からの引用として、真珠貝を使った料理を紹介されている。

そのひとつ「珍珠鴛鴦丸《えんおうがん》」は、イカとアコヤの貝柱をミンチにして二分し、一方は熱湯で茹でてスープと片栗粉でとろみをつけ、白色で塩味に仕上げる。残る半分は、砂糖を加えたパン粉をまぶして油で揚げ、甘味のある黄金色に。色の異なる二種類の肉団子を、輝くアコヤガイ貝殻に盛り付け、おしどりの雌雄のように見せるというもの。宴席向きの華やかな料理だ。

また「珍珠螺肉粥」は、貝肉と豚肉を入れた中華粥で、こちらも旨そうだが、町井家では試されたのだろうか。以前、先生のご自宅で、鶏を使ったお手製の北京ダックをご馳走になったことがある。休日には自ら厨房に立たれていたかも知れない。

本書で取り上げたこれら食用の貝は、原理的にいえばすべて珠を作ることができるが、真珠博物館が標本として持っているのはイガイ、ホタテガイ、ハマグリ、ウチムラサキ、ホンビノスガイ、シジミ、カキ、それにアワビと、わずかの種類に留まる。タイラギは真珠光沢があり、何とか入手したいところ。不思議なのは、内面に美しい輝きのあるサザエから真珠が出ないこと。巻貝だからか。しかし、ピンクガイは美しい貝殻内面と同様、ピンク色のコンクパールを抱くことがある。それを思えば、ヤコウガイやサザエに真珠があっても良さそうなものだが、なぜか出現の報告を聞かない。サザエの外套膜上皮細胞を刺激して、真珠袋を作らせることはできないものか。

伊勢志摩は、貝類を豊富に漁獲、あるいは養殖しているので、貝を食べさせる店は少なくない。海女小屋の火場で焼き貝、季節になるとロードサイドに林立するカキの食べ放題は、野趣に富む人気のスポットだ。

加えるに、新鮮な素材の持ち味を包丁の冴えで引き出した目に鮮やかな一皿を創意工夫すれば、当地を訪れる客にとって新しい魅力となるのではないか。

町井先生ご推薦の「珍珠鴛鴦丸」や「珍珠螺肉粥」など如何。

第五室　天然真珠と模造真珠

ネモ艇長の真珠コレクション　ヴェルヌ『海底二万里』

『海底二万里《マイル》』という小説がある。昔、児童向けに翻案されたのを読んだ方は多いと思うが、原作は文庫本で六百ページ弱。結構読み応えがある。

作者はジュール・ヴェルヌ（一八二八～一九〇五）。科学的冒険小説の始祖とされるフランスの作家で、科学の力で未知の世界を解き明かそうとするロマンティックな作品で知られる。

『海底二万里』は一八七〇年の作品だ。予期せずして潜水艦ノーチラス号に乗り合わせることになったパリ博物館のアロナックス教授とその従僕コンセイユ、それにカナダ人の銛打ちネッド・ランドの三人が、ネモ艇長と共に世界の海を経巡って様々な驚異と遭遇する物語で、十九世紀後半の博物学趣味を味わうには絶好の一冊といえる。

ネモ艇長は潜水艦内の図書室と標本展示室に三人を招き入れるが、そこには万巻の図書に美術品、それに海産生物の標本が集められていた。真珠のコレクションもあり、それは

「紅海のタイラギからとったばら色の真珠、紅色アワビの緑色の真珠、そのほか黄色い真珠や青や黒い真珠あらゆる太洋のさまざまな軟体動物や北海のイ貝からとれた珍しいもの、最後にもっとも珍しい真珠貝からとった大変高価ないくつもの標本など、これら真珠のなかには、ハトの卵よりも大きいのがあった。それらの真珠のなかには十七世紀のフランスの旅行家タヴェルニエがペルシャの王様に三百万フランで売ったものよりも高価なものがあり、わたしが世界にその比をみないと思っていたアラビアの港町マスカットの導師所有のものより上等のものがあった」（江口清訳）と紹介される。

　タイラギは大きな貝柱が旨い二枚貝で、貝殻内面に真珠層があるが、その真珠を見たことがない。同じ科のハボウギの真珠は、アメリカ自然史博物館の展覧会図録に出ている。こちらはばら色というより茶色に見える。またタヴェルニエの真珠は、その旅行記『インドへの旅』に挿絵入りで長径四十ミリはあろうかという水滴型の真珠を含め五点が紹介されていて、好事家の間では良く知られた逸品だったと思われる。

　こういうコレクション自慢は、相手が同じような関心と知識レベルを持っていないと空振りに終わるが、そこは博物学が専門のアロナックス教授、それに従僕とはいえコンセイユも、ネッド親方も分類学に造詣が深い人物なので、ネモ艇長も見せる甲斐があるというものだ。

中盤ではセイロンの真珠採りを見物する。

マンナール（マナール）湾は天然真珠の漁場として古来有名なところで、この近海を通過するに際してネモ艇長は教授たちを漁場に誘い、自分が育てている真珠貝を見せようとする。それは幅が二メートルもある巨大なシャコガイで、ネモ艇長はその体内に「インド人や中国人の例に倣って、この軟体動物のひだの下に、ガラスか金属のかけらを押しこんで」真珠を作ろうとしていて、アロナックス教授はその出来つつあるシャコガイ真珠を、何を根拠にしたのか一千万フランと見積もる。ヤシの実ほどの大きさとはいえ、しょせんシャコガイなので輝きはなく、宝石としての価値は望めないが「いわば自然の驚異」として評価するあたりはさすが博物学者だ。

そのあとはお約束の活劇シーンで、解禁前に真珠貝の密漁をしていた現地民がサメに襲われるのをネッド親方が銛の一撃でみごとに仕留める。実は、教授はサメに対する恐怖心が人一倍強く、戦々恐々としていたのが実際に目の前に現れたので、ちょっとパニックになっているのが気の毒だ。にしては、その始終をしっかり観察しているあたりも博物学者の態度として見上げたものである。

では、この作品が発表された一八七〇年当時の真珠研究事情はどうだったのか。

一五九〇年、オランダのヤンセンによる顕微鏡発明以来、真珠の成因についてはその引き金となった物質に関心が向けられ、砂粒や貝自身の卵、寄生虫あるいはその卵が刺激として真珠が形成されると考えられてきた。フォン・ヘスリングの真珠袋発見は一八五八年のことで、その細胞が貝自身の外套膜《がいとうまく》に由来するという事実については、一九〇七年の西川藤吉の研究、あるいは一九一三年のアルヴァーデスを待たなければならなかった。

『海底二万里』が執筆された頃は、核となる物質の関与が成因の常識として通用していた。真珠研究が大きな転換期を迎える、いわば前夜で、ネモ艇長の真珠に関する知見に当時としては合格点を差し上げなくてはならない。

この後二十年余りで日本には真珠養殖場ができ、ネモ艇長の予測通り真珠は人の手で育まれることになる。サメに襲われる心配のない海女の潜水作業ならアロナックス教授も安心して見ていられただろう。

ジュール・ヴェルヌ　江口清訳『海底二万里』　集英社文庫　一九九三年

同じ真珠は二つとない　ビンディング「真珠」

一対の真珠を揃えるという作業には細心の観察眼が求められる。かたちや肌理《きめ》の細かさ、同じと映る色や輝きにしてもつぶさに見ればそれぞれに違いがあって、どこで折り合いを付ければ良いか。養殖真珠にしてもそうなのだから、天然真珠しかなかった頃は、どれほどの時間と労力、そして資金を要したことだろう。

第一次大戦後、パリは天然真珠取引の中心地だった。様々な人種の真珠商人が四百人ほど、ラファイエット通りとカデ通り界隈でそれぞれ独自の売買に勤しんでいたという。オペラ座に近いカフェの席で初老の男が語る真珠奇談に耳を傾けてみようか。

その男は兄とともにパリで名の知られた宝石商で腕の良い金細工師だった。あらゆる宝飾の分野に精通するため努力を重ねてきたが、特に真珠には愛情と熱意をもって打ち込んできた。彼の考えでは真珠だけが本当に女性を美しくしようと心がけ、情愛をこめて女性に寄り添うもので、それは他の宝石にはみられない特性なのである。真珠に対する愛と情熱が厳しい審美眼を養う。男はパリで随一の目利きとなり、兄弟の店は非の打ち所のない完璧な真珠を扱う聖地のような存在となった。

ある日、優美な女性を同伴したイギリス人紳士が来店する。紳士は寄り添う夫人の耳をパリで一番美しいふた粒の真珠で飾りたいという。その希望を受けて男は店の在庫から選りすぐりの真珠をいくつか取り出して見せるが、相手は眉ひとつ動かさず、もっと品格の高いものをと要求した。

男は自分でもこの女性を美しい真珠で飾りたいというひそかな欲望を感じて、店の奥から秘蔵のひと粒を取り出して見せる。すると客は感嘆して喜色をあらわし、求めていたのはこれだという。それは「くもったねずみ色でしかも同時にバラ色を帯びた色調、その光、その丸味、その姿かたちの全体、その透明、その艶、その独特のこまやかな肌理」があり、この女性にこれ以上の真珠はないと思われた。

男はその真珠に破格の値段をつけるが相手は動じない。客の希望はイヤリングだったが真珠は一個しかないので、対になるもうひとつの真珠を探すことを約束し、商談は成立した。男はこの真珠にペンダントとしても使える台座を製作してロンドンの住まいに持参する。招き入れられた部屋でその真珠を身につける夫人の姿を見たとき、男は身震いするほどの満足感に包まれた。

私のためにふたつ目の真珠を見つけてくださるでしょうね、と念を押す夫人。必ず見つけるとも。男は心に誓うが、眼鏡に適うような真珠には巡り合うことなく時間が過ぎた。それから二年後、ウィーンの仲間から真珠入荷の報せを聞く。それは男が売ったあの品に匹敵するかと思われたが、値段もまた前代未聞だった。ロンドンに電報を打ち、客の意向を確認する。ふたつ目の真珠のためにはどんな値段でも払うという回答を得て、男はパリを発った。

ウィーンの仲間の店で、これこそが前のものと寸分たがわず、自分の求めている真珠だと見極めた男は、前の二倍の値段で譲り受ける。だが翌朝、意気揚々と訪れたロンドンの客の住まいに人影はなく、門番は夫妻がそれぞれインドとパリに旅立ったという。あの女性はパリで真珠を受け取るつもりだろうか。男が不安を感じながらロンドンからカレーの港に着くと、彼の兄が待っていた。そして「不運な奴…」とつぶやくのを聞き、事の真相を悟る。寸分たがわないのも道理、男は前に自分が売った真珠をそれと知らずにまた買取ったのだった。

何が自分の眼を眩ませたのか。男は打ちのめされ、商売の自信を喪失した。それから男は虚脱状態となり、店を兄に任せて毎日カフェで時間を過ごす身の上となった。

一九三〇年代ドイツの作家ビンディングの「真珠」をご紹介した。目利きの才能が裏目に出てしまったわけだ。天然真珠ならば固有の特徴、すこしの凹みとか、変形とか、色の微妙な違いで識別できそうな気もするのだが、完璧な真珠というのは突き詰めると似通ってしまうのだろう。

作者はそうとは書いていないが、このイギリス人夫婦というのが詐欺師で、前に求めた真珠を再び市場に出して、目利きを自認する宝石商をおびき寄せ、まんまと売り逃げた、という手口が読み取れる。

そこで教訓。同じ真珠は二つとない。人が皆、違うように。

ルドルフ・G・ビンディング　三光長治訳「真珠」　M・ライヒ＝ラニッキー編『やむを得なかった歴史』
学藝書林、一九六九年

ヤドリギと真珠　セイヤーズ「真珠の首飾り」

ドロシー・リー・セイヤーズは一九二〇年代イギリスの閨秀《けいしゅう》作家。一九三三年発表のこの短編に登場する貴族探偵ウィムジィ卿が活躍するシリーズで一世を風靡したが、宗教文学の追求に向かった彼女は一九四七年に探偵小説と決別した。

親類縁者を招いたクリスマスの晩餐会で、主催するセプティマス・シェール卿の令嬢マーガリタがつけていた真珠の首飾りが行方不明となった。食後の余興におこなわれるジェスチャーゲームで真珠を傷つけないよう外した時に見失ったらしい。

首飾りはクリスマス・イヴに誕生日を迎える令嬢のためにセプティマス卿が毎年ひとつずつ贈った真珠をつないだもので、エンドウ豆くらいの大きさのものが二十一個連なっている。行方不明になったことがわかると屋敷中を探し回る騒ぎとなるが、探偵役のピーター・ウィムジィ卿は客間で妙なものを発見する。それは昆虫標本を固定するための小さな虫ピンだった。これでウィムジィ卿は真珠のありかを見破ってしまう。

翌朝の食事の席でセプティマス卿は、真珠が出てこないのでクリスマスが台なしになったと、部屋の飾りつけを外し、燃やすようにいう。飾りはヒイラギやヤドリギなどだ。するとひとりの男が、自分は奥の客間を片付けるので貴方は表の客間をと、仕切りを始める。そこでウィムジィ卿がその男に近づいて、手のひらの虫ピンと二十一個の真珠を見せ、犯行がお見通しであることを告げるのだった。

犯人は余興のすきを狙ってテーブルの上に置かれた首飾りを手に取った。そして、奥の客間で糸を切ってばらばらにした真珠に一個一個ピンを通し、天井のシャンデリアに飾ってあったヤドリギの実に見せかけて擬装を図ったというのが真相。ヤドリギの実は白く、大きさもエンドウ豆くらい。真珠に似てはいるが、なんとも手間な方法を考えたものだ。

ヤドリギは落葉広葉樹の幹に根を下ろして寄生する常緑の植物で、日本でも普通に見ることができるが、あまり意識する機会はないかも知れない。冬になると寄生された側の木は葉を落とす一方、ヤドリギは青々とした葉を茂らせている。ボールのように丸く延びた枝のところどころに小さな白い実を付け、冬木立のなかでそこだけ生命が宿っている様に見える。

古代、今のフランスやイギリスに定住していたケルトの人々は、冬の間、樹木の生命はヤドリギに蓄えられると考えたという。そして厳しい季節が過ぎ、春が巡ると生命はヤドリギからもとの木に行き渡り、甦ると想像したのだ。そのことから、ヤドリギは来るべき春を寿ぐ植物として人々に親しまれるようになった。

クリスマス前の四週間をアドベント（降臨節、待降節）というが、この時期にヨーロッパの町を旅すると市場はクリスマス用品で溢れ、中に必ずヤドリギを売る露店がある。キリスト教の行事であるクリスマスはいうまでもなくイエス・キリストの生誕を祝う日だが、実は冬至を祝う祭りの要素も含んでいる。

一年で一番、日中の短い冬至はまた、それを境に昼の時間が長くなる、いわば太陽の復活を意味する大切な日だ。その節目を迎えるのに、春の再来を予感させるヤドリギは最もふさわしいシンボルとみなされた。

西洋人は市場にヤドリギが売られているのを見るとクリスマスが近いことを実感するというから、日本の松飾りと同様のポジションかも知れない。ヤドリギは束ねて、部屋の入り口や玄関に吊るして飾り、その下では好きな女性にキスすることが許されているという。

このヤドリギのモチーフはジュエリーにも応用され、特にフランスのアール・ヌーヴォー期にはブローチや髪飾りなどいろいろな品が作られた。葉を緑色のエナメルであらわし、白い実には真珠あるいはムーンストーンが使われる。もしかするとセイヤーズ女史は自身でヤドリギのジュエリーを持っていて、このアイディアを思いついたのだろうか、と楽しい想像をしたくなる。

ドロシー・L・セイヤーズ　早川節夫訳「真珠の首飾り」『別冊宝石』九一号　宝石社、一九五九年
ドロシー・L・セイヤーズ　池央耿訳「真珠の首飾り」『クリスマス１２のミステリー』新潮文庫、一九八五年

ピンクと桃色　クリスティ「桃色真珠盗難の謎」

真珠博物館の一角に小さな図書スペースがある。ずいぶん以前の話、女性スタッフが「このことがでています」と、文庫本のページを開いて指し示した。

表紙には有栖川有栖『ダリの繭』とある。どれどれと見ると、その第九章「鳥羽にて」に「リファレンスコーナーには真珠に関する文献がコレクションされ書架に並んでいた。『エラリー・クイーンの新冒険』『ポアロの事件簿１』『チャンドラー短編集３』などというミステリも含まれていたが、目次をめくって確かめるまでもなく、それらは皆、真珠がモチーフとなった作品であった」と紹介されているではないか。

推理作家はこの前に立って本棚を眺めていたのだな。彼女はその作家のファンだが、もう読んだからと『ダリの繭』を寄贈してくれた。そういうわけで有栖川有栖はクリスティやチャンドラーと一緒に博物館の書架に並んでいる。

ミステリ小説で真珠を小道具に用いる場合は、盗難か紛失に関わるケースが多いようだ。

たとえば「女王」アガサ・クリスティには「グランド・メトロポリタンの宝石盗難事件」（一九二四年）、「高価な真珠」（一九三四年）、そして「桃色真珠盗難の謎」（一九二九年）がある。長編『ナイルに死す』にも真珠が出てくるが、そちらは殺人が絡む。ここでは「おしどり探偵」トミーとタッペンスのベレスフォード夫妻が活躍する『二人で探偵を』から「桃色真珠盗難の謎」を読んでみよう。

ふたりの探偵事務所に盗難事件解決の依頼が舞い込んだ。ウィンブルドンにあるブルース大佐夫妻のディナー・パーティで招待客の高価な桃色の真珠が盗難被害にあったという。大佐の屋敷で聞き込みを開始したトミーとタッペンスは、探索と推理を続けて犯人を見つけ出す。解決の決め手は、先に発表された「グランド・メトロポリタン事件」でポアロがとった方法と同じなのだが、それ以上は封印しておく。

この「おしどり探偵」シリーズ自体が過去の名探偵の手法をパロディ化したものという触れ込みで、トミーはオースティン・フリーマンが創造したソーンダイク博士を引き合いに出したり、ポアロを気取って「小さな灰色の脳細胞」といってみたり、ホームズのようにヴァイオリンを鳴らしたりする。その辺が愛読者には魅力かも知れない。

問題の真珠は「ふたつの小さなダイヤモンドの翼になっていて、そこに大きな桃色の真珠が下げてあったのです。ペンダントは（中略）そのまま見つかったんですが、真珠が——しごく高価な真珠ですが——もぎとられていたというわけです」（一ノ瀬直二訳）と説明される。

ダイヤモンドの翼のペンダントというのはどんなものか。これは十九世紀末に流行した「有翼円盤」を思い起こさせる。左右に広げた翼の中心にあたる部分から真珠が下がるかたちを想像してもらえれば良い。翼には小さなダイヤモンドがちりばめてある。古代エジプトに起源を求めることができる、太陽を象徴するデザインだ。

この小説の原題はThe Affair of the Pink Pearlといい、邦題のように桃色真珠では少しニュアンスが異なる。というのもピンクは色の系統別範囲を表して、ほとんど白に近い桜色から、濃厚な薔薇色、さらに朱に近い珊瑚色までをカバーするから。もちろん桃色も含まれるが、それだけではない。ピンクパールは広範囲のピンク系統の真珠を指すことばとして使われていたと考えたほうが良い。

十九世紀の真珠に関する知識ではピンクパールにはふたつあって、ひとつは淡水の二枚貝から採取されるもの、今ひとつはストロンバス・ギガスという大きな巻貝から取れるコンク・パールだった。後者はピンク貝として知られ、フロリダ海峡、西インド諸島、バミューダからカリブ海にかけて生息する。

貝肉は食用、内面のピンク色が美しい貝殻はカメオの材料や陶器の原料に利用されていた。その貝肉の中から稀に真珠が発見されることもあって、色は薄い桜色から濃い珊瑚色まで、まさにピンク系のヴァラエティに富んでいた。他の貝の真珠と大きく異なるのは、輝く真珠光沢がない点で、これは結晶構造の違いによる。

採取された真珠のほとんどはロンドンに送られたが、一部はアメリカのティファニー宝石店が買い付け、ニューヨークの店で販売されたという。小粒のものはともかく、宝石の要件を満たす大きく美しいコンク・パールを得るのは非常に珍しいことで、漁民にとっては、もし手に入れれば一攫千金も夢ではないほどの宝物だったのだ。

一方で淡水二枚貝からも様々な色調の真珠が採取された。こちらはピンク貝の真珠と違って基本的に真珠光沢を持つ。貝の種類は多数あり、色はパープル、ヴァイオレット、グリーンと華やかで、もちろんピンクも美しく輝く。アメリカの河川で豊富に採取された時期があって、ピンク貝の真珠同様に国内で調達できる素材だから、アメリカのジュエラーにとってはお馴染みの宝石だったといえる。

盗難にあった真珠の所有者はアメリカから訪ねてきたベッツ夫人で、それ相当のお金持ちという設定だ。ピンク貝の真珠か、それとも淡水のピンクパールか。どちらも可能性があるが、「しごく高価」ということから考えると、この場合にはピンク貝のコンク・パールがよりふさわしいのではないか。

二十世紀初頭のアメリカを代表するジュエラーとしてティファニーと人気を二分したマーカス商会のブローチ「野薔薇」（真珠博物館蔵）は、ピンク貝の真珠をふんだんに用いた名品といって良い。蕾に見立てた大小のコンク・パールと、葉に施されたプリカジュール・エナメルの透明な緑色、枝の金色が調和して美しいコントラストを見せてくれる。

有栖川有栖『ダリの繭』角川文庫、一九九三年
アガサ・クリスティ　一ノ瀬直二訳『二人で探偵を』創元推理文庫、一九八〇年

新興実業家と「無疵の真珠」　グリン『イット』

御木本真珠店がニューヨークに支店を開いたのが一九二七年。この年に刊行されたアメリカ小説を読んでみよう。

ニューヨークを舞台に、若い新興実業家と没落貴族令嬢との恋の駆け引きを描いて、あらすじだけ追えば通俗小説だが、真珠の首飾りが登場するので見逃せない。

主人公のジョン・ガントは下層階級から身を起し、今では莫大な富を積んで押しも押されもせぬ事業家として君臨している。優れた人品骨柄とともに彼には独特の魅力があった。それが小説の表題となった「イット」で、今ならフェロモンかオーラとでもいうところか。その発する匂いに女性はたちどころに虜になってしまう。

対するエイバ・クリーヴランドは由緒正しい家柄の出だが、放埓な生き方が祟り、弟共々、経済的に苦しい生活を余儀なくされている。お嬢様で気位は高く、玉の輿に乗れば当座の危機はしのげるのにその意志はない。

このふたりが出会い、その瞬間に恋に落ちてしまった。というのも、エイバの方もジョン・

ガントに負けないほどの「イット」を発散していたからで、四十歳になるまで女性に心を奪われることのなかったガントは、なんとかしてエイバを自分のものにしようと決意する。

エイバは借金返済のために仕事を探し、ガントの会社に雇われる。とはいえ特別な技能はなく、最初は新聞の切り抜き。だが、エイバはタイプライターを猛練習して次第に難しい仕事もこなすようになる。

同僚の嫉妬と妨害、弟の不始末、借金取りの執拗な督促、虎の子の盗難など不運な出来事が続き、高いプライドを維持してきた彼女も、ついにガントの誘いに応じることになる。ガントはエイバを自邸に迎えるにあたり、部屋を改装し、彼女にふさわしい宝石を準備する。それが第十八章「無疵の真珠」だ。

ガントはニューヨークで第一流の宝石店に「一番大きな最上の真珠を三十六個、粒を揃えて持ってくるように」注文する。エイバに贈る真珠は「他人の用いた品ではいけない。誰の肌にも触れたことのない、最初の真珠でなくてはならない」とガントは考えていた。彼女の肌に触れるものは自身の選択によるものでなくてはならず、伝説を持った歴史的価値のある宝石は好ましくない。届いた真珠は法外な価格だったが、彼自身が自力でこしらえた金でそれを買ったという満足を味わうことができた。あらかじめ用意しておいたプラチナの台座とダイヤモンドの留め金をつないだネックレスにそれらの真珠をはめ込むよう指示する。

そして邸宅。ふたりだけの晩餐の席でガントが近々結婚することを聞かされたエイバは、その相手が自分とは気付かずに、敵愾心を燃やし、今夜だけはガントを自分のものにしようと決意する。そしてクライマックス。深紅の寝室で真珠の首飾りを贈られ、エイバは自分こそがその花嫁であることを知るのだった。

以上が小説のあらましだが、実際に往時の新興実業家は貴族が所蔵していた宝石を引き継ぐことが多かった。十九世紀後半のアメリカの鉄道王ウィリアム・ヴァンダービルトはナポレオン三世妃ユージェニー旧蔵の、五百個以上の真珠を使ったロープを妻のアルヴァに贈り、アルヴァはそれを娘のコンスエロに譲った。

コンスエロはイギリスの貴族に嫁ぎ、マルボロ公爵夫人として真珠の解説書に肖像がしばしば引用されている。首の細い、儚げな表情を浮かべた女性で、思い当たる向きもおられよう。鉄道王は他にフランス王アンリ二世妃カトリーヌ・メディチ旧蔵のロングネックレスも所有したという。このような例は枚挙に暇がないが、由緒のある真珠を所有することで過去の数々の栄光を我が物として、新興実業家たちはそれまでの貴族階級に代わって時代の支配層に君臨する事実を誇示するようになった。

上位の階級に属する人々にとっては、ヴェブレンが『有閑階級の理論』で述べたように、「古代的で時代遅れのものが崇敬に値し」、近来になって登場してきたものはすべて下品とみなした。とすれば、今までにない商品を市場に売り込む際、その対象は旧来の富裕層あるいは同様の意識を貴ぶ新興事業家たちではない。

この小説の主人公のように真珠の来歴をむしろ敬遠し、その無垢性を尊ぶ態度は既成の権威にとらわれない、自力で今日の地位を築いた人物に似つかわしく、さらに新しい富裕層の出現を思わせる。

旧来の価値観とは違った意識を持つ世代の台頭は、新しく市場に登場した養殖真珠のマーケティングに追い風となったことだろう。

エリナ・グリン　松本恵子訳『イット』奢灞都館、一九八三年

ソースティン・ヴェブレン　高哲男訳『有閑階級の理論』ちくま学芸文庫、一九九八年

模造真珠に罪はないのに

前田河広一郎「富豪と真珠」

養殖真珠が西洋の市場に登場した当初、天然真珠の商人はそれを偽物として退けようとした。しかし検査の結果は明白で、生成のきっかけこそ人の手に拠るものの、天然と変わりない真珠層が形成されている以上、偽物とするにはあたらない。逆にこのことが天然真珠との区別を難しくして業者の困惑を招くことになったのだが、一方で模造真珠業界にとっても、養殖真珠の登場は看過できない事態だったと思われる。

真珠の輝きを模倣する試みはすでにエジプト、ローマのガラス製品に見られ、これらは玉の内張りに金あるいは銀の薄い箔を用いる方法が使われた。ガラスを透過すると金属の強い輝きは和らぎ、真珠のそれに近くなる。ルネサンス時代を通じて模造真珠は人気があり、十五世紀にもっとも製造技術に長けていたのはイタリアだったという。

フランスのロザリオ職人ジャカンは一六五六年、コイ科の淡水魚アブレットの鱗から集めた銀白色の物質をゼラチン溶液に分散させて「パール・エッセンス」を作り、中空のガラス玉の内面に塗布して真珠に似た光沢を得ることに成功した。さらに玉の内部に蝋を充填して重みを持たせ、「ローマン・パール」として売り出し、一六八六年の創業以来百年間、模造真珠製造は他の追随を許さぬパリの独占産業だった。

ジャカンの後継者たちは営々と製造に努め、工夫改良が行われた。十九世紀には外側にもワックスを塗って色と輝きを増す方法が導入された。一八三四年には玉の素材にオパールのような乳白色ガラスが用いられたので、外側のワックスが不要になる。一八六二年のロンドン万博にはガラスの質を高めた「ヴェニス・パール」なる商品が登場、これは割れやすい従来品の欠点を補うものであった。

模造真珠王ジャカンは魚の鱗のエッセンスを銀と信じていたが、その後、研究者がグアニンという物質であることを明らかにした。原料は淡水魚アブレットから海産の魚に変わり、一九一九年にニシンの鱗が最も適していることがわかってきた。このため模造真珠製造は漁業の基地へと移り、ノルウェー、カナダが主要な産地となった。

その頃、玉の外側にエッセンスを何層にも塗布する方法が用いられ、真珠の需要の高まった二十世紀初頭には模造真珠は宝石のひとつの分野として、パリ、テクラ、リシュリューなど多くのメーカー、ブランドが並立し、活況を見せていた。

模造真珠を巡る人びとの悲喜劇は小説家の想像力を刺激したらしく、多数が取り上げている。今回は日本の作品を紹介してみよう。昭和四年の前田河広一郎《まえだこうひろいちろう》「富豪と真珠」だ。

成りあがりの富豪アーチャー氏の娘の結婚式当日。新郎から贈られた真珠の首飾りが宝石店から届き、それを身につけた新婦の晴れ姿を新聞記者が取材、やがて全米の紙上に掲載される手筈。セレブの結婚は格好のニュースネタだった。

首飾りは一万ドルという高価な品物である。しかし撮影の直後、宝石店の使いが包帯姿で現れて、本物は途中で何者かに強奪され、先ほど届いたのはすりかえられた模造だったことが伝えられる。アーチャー氏は怒り狂い、夫人と娘はうろたえる。だが騒ぎ立てて結婚式が台なしになる事態は何としても避けねばならない。

そこで招待者の中から懇意の大学教授に真珠の鑑定を求めることにした。アーチャー夫人はこの教授には何かと便宜を図っているし、実はあまり目が利かないことを知っているから都合が良い。首飾りを手にした州立大学のラグテム教授は、夫人の意を汲んで次のように述べる。

「真珠の最も発達しました種類は、その密度が非常に濃厚なものでして、ダイヤモンドよりも硬い物なのです。これは不肖の見ましたところによりますと純粋の南洋産と思われます。（中略）どうです、この硬さは。その辺の日本の培養真珠などは、こういたしますと、もう形もないもので」

ダイヤモンドより硬い真珠がどこにあるだろう。なんともいい加減なコメントだが、ともかく大学教授からお墨付きを貰って、出席者に祝福され、新郎新婦はめでたくハネムーンへと出かけた。

その後、夫人の手配した探偵の手で盗まれた首飾りが取り戻されるが、会場ではラグテム教授が祝い酒で酩酊、この家の真珠も調度品もぜんぶ贋物だと悪態をつき、執事に介抱されるところで幕となる。本当は教授にも模造だとわかっていたのだが、それはいえない立場である。酒の力で発散させるしかなかったのだ。

首飾りを届ける宝石店がテサニー、新郎がフランク・ピレポント・メロンと、どこかで聞いたような名前なのはご愛嬌。作者の前田河広一郎はアメリカでの苦しい労働体験を経て帰国、初期プロレタリア作家として活躍した。アメリカでの見聞があるからか、新興ブルジョワの虚偽をシニカルに描いて、翻訳劇かと思わせる味わいがある。

前田河広一郎「富豪と真珠」『日本戯曲全集四九巻』春陽堂、一九二九年

輝きが失われるとき　スタインベック『真珠』

一九四七年のメキシコ映画『真珠』は監督以下、出演男女優他スタッフすべてがメキシコ人によって制作された最初の映画作品で、シナリオ制作は原作者ジョン・スタインベック自身が担当している。原作の小説『真珠』は早くから角川文庫に入っていて手軽に読むことができるが、映画は二〇一九年に初DVD化された。待つこと久し。

舞台はカリフォルニア湾。主人公はメキシコ・インディアンの漁夫キーノとその妻ファナだ。幼い息子のコヨティートと三人で、貧しいがつつましく穏やかな日々を送っている。ある朝、コヨティートがサソリに刺された。急いで町医者を訪ねるが、金がないため診察拒否されてしまう。キーノはカヌーで海に出て潜り、真珠貝を採取。「海鷗《かもめ》の卵ほどもある」大きな真珠を手にすることになった。噂は町中に広がる。それを知った医者は態度を一変させるが、子供はファナの民間療法で治癒。キーノはこの真珠を売って、親子三人で楽な暮らしをしようと夢を見る。

その一方で、姿を見せない敵が、この真珠によってもたらされる未来を奪い取ろうと待ち構えていることを感知して、キーノは自分の一家を守るために戦う決意を固めた。けれども彼らの神は「人間の計画を好まず、己自身の努力で成功するなら復讐を下す」存在なのである。夫以上に神を恐れる妻のファナは直感的にこの巨大な真珠に不吉の影を見て、早々に手放そうという。だが、キーノはもう後戻りができなかった。五万ペソの目論見で真珠商人と交渉に臨む。

果たして、その席で商人たちが大きな真珠に付けた最初の値段は千ペソだった。キーノは当然納得せず、交渉は決裂。真珠を手に入れようとする商人は様々な妨害を企てる。キーノは相手のひとりを誤って殺害、追われる身となった。それから三人の逃亡が始まり、夜を日に継いで道なき道をさまよった挙句、追手の流れ弾を受けて最愛の子供を失うことになる。

さて、ジョージ・F・クンツのThe Book of the Pearlによれば一八八四年、カリフォルニア湾のある海域で三七二グレイン（約二十四グラム。二十ミリ以上三十ミリ未満といったところか）の真珠が採れ、漁民は商人に千ペソを要求したが、結局百八十ペソで売り渡した。真珠は評判となって値段は上昇、最終的にラパスの商人が一万ペソで買い取ったという。同書には他にもこのような例が紹介されており、スタインベックは目を通したのかも知れない。

真珠は人の手を経て評価が高くなってゆく。それを思うとキーノが最初から五万ペソを要求したことが、そもそも真珠流通の原則に反するものだったといえる。浜値でその価格なら最終的にはいったいいくらになることだろう。キーノに示された商人の最初の評価は千ペソだったが、実際に漁民が百八十ペソで手放した三七二グレインの真珠が一万ペソ、つまり、おおよそ五十倍になったことを考えると、キーノの真珠は最終で五万ペソとなり、計算はあう。

カリフォルニア湾に生息する真珠貝にはクロチョウガイとレインボー・マベガイのふたつの種類があって、基本的には銀色を基調として黒っぽいのや青みがかったの、緑色を帯びたものなど様々な光沢を持った天然真珠が採り出される。

小説の舞台となった湾の入り口に多く生息するのはマザトラン・クロチョウガイで、南太平洋に広く分布するクロチョウガイの類縁種だ。採取は潜りの技術に長けた土着のヤキ族とマヨ族が行い、スペイン支配下の時代には多くの恵みを本国にもたらしたという。この海域での真珠は比較的小粒のものが多く、小説に登場するような大きな珠は稀で、それだけで価値は高かった。

大きな真珠を吉とみるか、それとも不吉とみるか。日常の平穏を大切に思う心情からすれば、その出現は異常事態であって、そこに人智を超えた存在の、なんらかの意思を認めたくなるだろう。メキシコ・インディアンの呪術的世界に生きていればなおさらだ。だがキーノは判断を誤り、復讐する神様の仕掛けた罠に落ちてしまった。最後に真珠はキーノの手で海に戻されるが、この場面はぜひ小説で味わっていただきたい。

初めは美しく銀色に輝いた真珠は、事態が進むに連れて表情が変化し、最後には「悪性の腫物のように灰色」にキーノには見えてしまう。短い期間で真珠が変化するわけもないが、すべての悪事の元凶と思えば、輝きが失われてしまっても当然だろう。

よほど上手く人の手を経ないと真珠は宝石になることができない。一番運が悪かったのは当の真珠だった。

ジョン・スタインベック　大門一男訳『真珠』角川文庫、一九八〇年

真珠は誰のもの

オデル『黒い真珠』

本書の原作は一九六八年に刊行された。翻訳は児童書の扱いなので、広く一般に知られる機会はなかったと思われる。スタインベックの『真珠』同様、バハ・カリフォルニアの町ラパスを舞台としているが、こちらは真珠商が少年時代の出来事を回顧的に語る内容で、カリフォルニア湾の真珠採取じたいに多くのページを割いている。

ブラス・サラザールは五隻の真珠船団を持つ、ラパスでは知られた真珠採りで真珠商人でもある。息子ラモンは父親の商売を継ぐべく、秤の使い方、かたち、色の見分け方など真珠取引の基本を学ぶ一方で、海に出て自分の手で真珠を採りたいと考える。最初の出漁で同じ船に乗ったガスパール・ルイスという真珠採りの名人から、大きな真珠にまつわる様々な冒険談を聞かされたラモン少年は、いつか自分が大きな真珠を手にする様子を夢に描く。その時、船の近くに巨大なエイが出現するのを見た。子供の頃から話に聞かされていたマンタ・ディアブロと呼ばれる怪物だ。

ラモン少年は家族の留守中にインディアンの真珠採りルソンじいさんが仕事場にしてい

る漁場に連れていってもらう。その場所はマンタ・ディアブロのテリトリーで、マンタに挨拶なしに真珠を採ることは許されていないと老人はいう。ラモンはマンタの住まいといわれる洞穴に潜り、今まで見たこともない大きな真珠貝を獲る。そして陸に戻って貝を開け、黒く大きな真珠を得た。ところが老人は真珠のあまりの大きさに恐れを抱いて、マンタが取り戻しにくるから海に返すようにいう。美しく大きな真珠に対する畏怖の念が見られるのはスタインベックの『真珠』と同じである。

ラモンが持ち帰った六十カラット以上もあるこの真珠には一部に傷があった。父親はナイフで表層を剥いで完璧な状態にし、他の真珠商に転売しようと考える。このように物理的に表面を何層か取り去って、美しい真珠の面を出すことを「ピーリング（皮剥き）」といい、天然真珠の価値を高めるのに必須の裏技だった。大きさや重さは減少するものの、価格はそれを補って余りあることが期待されるからだ。父親はラパスの真珠商を集めて真珠を披露する。真珠を仕入れる商人は都会へ持って行き、大きな利益を得る腹積もり。うまくゆけば五十倍にもなることは、これもスタインベックの『真珠』で見たとおりだ。

店を訪れた三人の真珠商は、定石通り口々に真珠の欠点をあげつらって買い叩こうとするが、売り手の父親は強気で押し通す。父親の提示額二万ペソに対して買い手の初値は半分の一万ペソ。これをどこまで釣り上げられるか、交渉はもつれる。一万五三〇〇ペソまで競りあがったところで、売り手の父親は突然、真珠をラパスの町の教会のマリア様に捧げるといいだし、取引を中断する。希望額の七割五分まで来てあと一歩だが、金額に対する不満もさることながら、なにか目に見えない力がこの真珠を町に留め置こうと働いたようなのだ。父親は真珠を教会に奉納し、サラザール家の発展を祈念しようと考える。

彼は次の出漁はマリア様のご加護のもとで、無事の大漁を期待する。だが、驕慢の罪というのか、自分が教会に大きな功徳を施したという思い込みが真珠漁師としての勘を狂わすことになった。ラパス対岸にあるセラルボ島を経て環礁の真珠漁場に向かったサラザール船団は天候の急変にあって遭難、真珠採り名人のガスパールただ一人が生還する。

父親を失ったラモン少年は「その真珠はマンタのもの」というルソンじいさんの言葉に従い、教会のマリア像の手にあった黒い真珠を盗み出して海へ出るが、ガスパールが阻止しようと追いすがる。ガスパール自身はマンタ・ディアブロをただの大きなエイと心得ており、黒い真珠を対岸の町グアイマスに持ち込んで金に換えたい一心だ。やがてあらわれるマンタ・ディアブロ。一艘の船に乗った二人はマンタに追跡され、カリフォルニア湾をさまようことになる。結局、銛を打ち込まれたマンタは、縄を持ったガスパールとともに海底に消え、ラパスに戻ったラモン少年は改めて黒い真珠を教会に奉納した。
訳者があとがきで記しているように『黒い真珠』は自然への畏敬を経験して成長する男の物語である。海辺のインディアンの真珠採取には一定のルールがあり、それはむやみに資源を浪費しないというものだった。その枷としてマンタに恐怖の役割を与え、真珠採取を規制した。

伝承に見る、こうした「畏れるべきもの」の存在は、自分たちが永続的に資源を享受できるように考えられた優れた仕組みのシンボルと見ることができる。同様に大きな真珠の出現も永続的な恵みとは相容れない事態で、その意味から畏怖あるいは忌避されるものとして捉えられたことが読み取れる。

スコット・オデル　小野章訳『黒い真珠』評論社、一九七七年

首飾りに託された想い　ブリクセン「真珠」

イサク・ディーネセンの名でも知られるデンマークの閨秀作家カーレン・ブリクセンに「真珠」（一九四二年）と題する短編がある。

六月のある日、コペンハーゲンの裕福な羊毛商の娘イエンシーネは、近衛隊士官アレクサンダーと聖母教会で婚礼を挙げ、ノルウェーへ新婚旅行に出かける。

婚礼の日、イエンシーネはアレクサンダーから真珠の首飾りを贈られた。それは彼の祖母の遺品で、孫の未来の花嫁のために残してくれたものだ。首飾りを手にして、会うことの出来なかったその老婦人にイエンシーネは親しみを感じる。

夏至のころの美しいノルウェーの景色を満喫して帰国の前日、朝食の席で首飾りの糸が切れて真珠が床に飛び散った。拾い集めながら夫に個数を尋ねると五十二という答え。祖母の金婚式に贈られて、その後も誕生日に真珠を一個ずつ追加したという。それぞれの一粒は彼女が生きた年にあたる、と彼は説明した。

宿のおかみの勧めで靴屋の老人のところに真珠を持ち込み、修理を依頼する。以前、同じように糸の切れた英国婦人の首飾りを直した経験があるという老人に、イエンシーネは数を確かめて真珠を託した。翌日、糸を通されて首飾りは手元に戻った。が、真珠の数をごまかされているかも知れないと感じ、彼女は国に帰ってもあえてその数を確認しようとしない。思い切って数えてみると五十三個ある。逆に一個増えているではないか。懇意の金細工師に見せると、真ん中の大きな真珠は価値が高く、その一個だけで他のものを全部あわせたのと同じ値打ちがあるという。

なぜ、こんなことになったのか。イエンシーネは真相を知りたくて、あの靴屋の老人に手紙を書く。しばらくして届いた返事には、以前、英国婦人の首飾りを修理したときに付け忘れた真珠が手元にあったので、自分の悪戯心で付け加えた、とあり、永く首飾りを身につけてほしいと結ばれていた。

正直を旨とする両親のもとで育ったイエンシーネは、これは盗んだのと同じではないかと恐ろしくなり動揺するが、しだいに落ち着きを取り戻す。そして、こういう逸話を付け加えて、首飾りを次の世代に伝えることの大事さに思い至る。ちょうど、アレクサンダーの祖母に対して自分自身が感じたような親しみを、見知らぬ未来の花嫁が抱いてくれることを想像して、イエンシーネは幸せな気分になった。

訳者の解説によれば、作者の意図は夫の貴族精神と妻の商人精神との葛藤を描くことにあって、実際、新婚旅行中のアレクサンダーの考え方や振る舞いに対するイエンシーネの戸惑いが独白のかたちで綴られている。だが、イエンシーネの意識の変化が軸となって展開するストーリーの中で、一族の歴史を具体的なかたちで示すものとして受け継がれる真珠の首飾りは誠にふさわしく、その存在感が深く印象に残る。

女の子に誕生日や特別な日のプレゼントとして真珠を数粒贈り、成人する時に最初のネックレスを作る習慣は、二十世紀初めのアメリカで盛んに行われたという。小説の冒頭には「八十年ほど前の事」とあるので、西欧ではさらに前の時代に遡るようだ。金婚式のあとに新たに年の数を追加するのは、創作かあるいはデンマークの習俗なのだろうか。長寿を祝う気持ちを読み取ることもできよう。

新玉の年、という。年が改まる時期に新たな希望を託して一粒の真珠を求め、思い思いの装身具として身に着けるなら、それは真珠に備わった護符、吉祥の象徴という特性を最大に生かすことになるだろう。

カーレン・ブリクセン　渡辺洋美訳「真珠」『冬物語』筑摩書房、一九九五年

耳飾りの少女の真珠

シュヴァリエ『真珠の耳飾りの少女』

　十六歳の少女フリートはタイル職人の父親が事故で失明したので、家計を助けるためにフェルメール家で住込み女中として働くことになった。一家は画家フェルメール、妻カタリーナ、その母親マーリア・ティンス。四人の女の子と男の赤ん坊、それに同僚のタンネケ。様々な視線と思惑が交錯する中で洗濯、裁縫、買物と彼女は与えられる仕事をこなしてゆく。一六六四年、オランダのデルフトが舞台の物語だ。

　フリートにとって主人であるフェルメールの眼差しと態度こそが敬慕に値するものだった。アトリエの掃除を通じてフリートの繊細な感覚に気付いたフェルメールは顔料の下拵えの仕事をこの少女に託し、ふたりの距離は縮まる。

　フェルメールは有力なパトロンであるファン・ライフェンから、彼自身とフリートを同じ画面で描くよう求められた。だがそれはライフェンの好色な眼差しにフリートを始終曝すことになり、その行く末も危険な展開が予想される。フェルメールはライフェンには器楽合奏の場面を用意し、フリートだけを別に、同時に二作を描く約束で仕事を請けた。寡作の画家としては異例のことである。

　フリートの画が完成に近づくにつれ、フェルメールは少女に真珠の耳飾りをつけさせようと考える。真珠に反射する光は見るものの視線を捉えるのに大きな効果を発揮するはずだ。だがフェルメール家にある真珠の耳飾りは妻カタリーナのもので、気位の高い彼女が使用を許すはずはない。それにフリートの耳たぶには穴が開いていない。主人の願いを叶えようとしてフリートは麻酔薬の丁子を使って片方の耳たぶに穴を開ける。事情を知った義母のマーリア・ティンスがカタリーナの留守中に耳飾りを宝石箱から取り出してフリートに渡す。彼女はそれをフェルメールの手に託し、耳たぶの穴に通させた。

　だが、こうして完成した耳飾りの少女の画はカタリーナの激怒をかうことになる。女主人から盗人として激しく責められるフリートをマーリア・ティンスもフェルメールさえも擁護してくれない。カタリーナの怒りはフリートとアトリエで時を共にして画を描き上げた夫にも向かっているからだ。なぜ、私を描いてくれないのかと。

　フリートは耐えられずにフェルメール家を出て、かねてから求婚していた肉屋の息子ピーテルのもとに走った。

それから十年。フェルメールは亡くなり、遺言によってフリートはあの真珠の耳飾りを贈られることになった。

しかし肉屋のピーテルの妻となった身にそのような装身具は必要ない。押し付けられるようにして手渡された耳飾りをフリートは町の古物商に持ち込んで換金する。その価格は二十ギルダー。フェルメール家がピーテルの店に溜め続けた肉代の借りを補って五ギルダー余る額だった。

フェルメール年譜によれば、一六二〇年代の労働平均賃金は日に一ギルダー、画商組合の入会費が六ギルダーだった。このことから考えると耳飾りの評価額二十ギルダーは本物の真珠とするにはあまりにも低い。古物商は真珠を「光に翳し、歯で噛んだ」結果、素性を判断したので、誤ることはないはずだ。

実際の話、年譜では晩年に借金を重ね、必ずしも裕福とはいえなかったらしいフェルメール家に、描かれたような美しい天然真珠の耳飾りがあったのか、大いに疑問である。このタイプの耳飾りは十七世紀になって流行し、王侯貴族の子女の肖像画にしばしば描かれている。富と権力を示すものとして描かれたのだから、その価値はいうまでもない。庶民向けにはちょうどこの頃、フランスでジャカンによる新しい製法による模造真珠が作られているので、あるいはその類であったのかも知れない。

真珠は「水滴のような形をした、榛ほどの大きさ」とある。榛《はしばみ》とはヘーゼルナッツのこと。同じ形と大きさの耳飾りはフェルメールの他の作品にも見え、その都度、同じものを使ったかとも思わせる。繰り返すが、本物ならば一財産だ。

真相はともあれ、小説の作者は古物商に真珠の耳飾りを二十ギルダーと評価させることで、その正体を暗示している。ここは読み落とせないところだ。

トレイシー・シュヴァリエ　木下哲夫訳『真珠の耳飾りの少女』白水社、二〇〇〇年

cafe 5

真珠の出てくる漫画

真珠の出てくる漫画を探してみた。

まずは昭和三十年代、貸本漫画や「おもしろ漫画文庫」に作品を残した籠島良弘の時代漫画からご紹介しよう。日昭館漫画シリーズ４として刊行された『神変真珠の秘宝』（昭和三十一年）だ。

さる城下町。殿様は貧しい人々を救うため「先祖が残した真珠玉」の探索を白井道場の白井正之介に命じた。その真珠には「金銀財宝のありかが書かれている」という。

真珠に財宝のありかが書かれているとはどういうことなのか。米粒に写経か。ちょっと何いっているのか分からないままに読み進めると、十年前、当時の家老石沢忠之進が領地の果てを踏査し、光る山を目撃、そこから流れ出る川の中で何やら光るものを拾い上げた。周囲の状況から、あの場所にはきっと財宝が隠されているに違いないと睨んだ石沢家老、他日を期して発見箇所を記録し、殿様に報告、地図を秘匿する。しかし家老は何者かに殺害され、その遺児が本作の主人公千代丸である。

一方、財宝を狙う悪家老の大原黒兵衛は、黒井道場の黒井半五郎を使って千代丸を襲い、「真珠玉の秘密」を聞き出そうとするが果たせず、強奪にエスカレート。千代丸の叔父が預かっていた地図は黒井一味の手で盗まれ、妹の百合枝も拉致されてしまった。

悪家老の前に置かれたのは巻物だ。いつのまにか「財宝のありかが書かれている真珠」が「財宝のありかを書き記した巻物」に変わっているので、幼い読者は混乱したことだろう。訊かれた親だって困ってしまう。

このあと白井道場の白井正之介扮する白頭巾が登場。千代丸と百合枝を救い出す活劇と、父親の仇討を果たす場面が続き、無事、悪の一味から取り戻した巻物を手に、千代丸ら若者が秘宝捜しの旅に出る場面で終わっている。

『神変真珠の秘宝』という表題は、国枝史郎か角田喜久雄の伝奇小説を思わせるが、児童向け漫画にしても、あまりに荒唐無稽。各所で辻褄が合わず、ページを行ったり来たりしながら読んだ。神変とは人智で計り知れない不思議な変化のことで、真珠が巻物に変わったのを神変といったのか、籠島先生は。

一方で、真珠の二文字で読者の目を引こうという編集側の思惑も透けて見え、真珠の大衆化という時代相を考える上で、かろうじて有効な物件といえる。

もう一作。九十歳を越えてなお創作に意欲を燃やす巨匠わたなべまさこ先生が、昭和三十三年から三十五年の間、雑誌『少女ブック』に連載した長編漫画『みどりの真珠』を読んでみよう。木曜島、香港、ベトナム、カンボジアを舞台に、「虹の真珠」を巡って繰り広げられる冒険譚だ。

主人公の少女青木弘子の父親は、三年前にオーストラリアの木曜島に真珠を採りにいった帰り、香港で行方不明になった。その名も不穏な「あらし丸」という船で父親捜しの旅に出た弘子は、航海の途中でさまざまな出来事に遭遇する。父親は秘蔵の「みどりの真珠」を悪人に奪われ、さらに「虹の真珠」を採取するよう迫られる。しかし、その真珠を採れば「この地球上の真珠はすべて育たなくなってしまう」ので、真珠採取業の仲間を守るため頑なに拒んでいる。十月号付録では、悪人に監禁された父親の脱出と、その後を追う弘子がすれ違う。アンダマン号を追って出航する弘子の船。海上で父を呼ぶ声が届くだろうか。次号を刮目して待て。

　原作は、作詞家としても著名な川内康範。作画に優れたわたなべまさことの組み合わせなので、人気の連載だったと想像される。表紙裏のページに、『みどりの真珠』はニッポン放送でラジオドラマとして放送されたとあるが、全国ネットだったかどうか。古本屋の在庫で時々このタイトルを見かけるが、ほとんど『少女ブック』の付録。

　当時読者だった女の子たちは今、七十歳代。この漫画が記憶の底で真珠に対する憧れの源泉となっている方もおられるのではないか。

第六室　真珠のような人たち

名は体を表す

モーパッサン「マドモワゼル・ペルル」

パリの天文台近くに住むシャンタル氏は五十六歳。一家は夫妻とふたりの令嬢、それにマドモワゼル・ペルルと呼ばれる四十歳くらいの女性がいて、彼女は家族からは一歩控えていたが、使用人とは別格の不思議な存在だった。

若いガストン君は父親がシャンタル氏と交際があったので、一月の主顕祭には同家を訪れて晩餐を共にするのを習わしにしている。その年、席上で「王様遊び」の王様に選ばれた。これは切り分けられた菓子の中から小さな陶器製の人形を取り上げたものがその場の王様として振舞う遊びで、王様となったガストン君は女王を指名しなくてはならない。

十七歳と十九歳になる可憐なふたりの令嬢のどちらかを選ぶのは「二滴の水のどちらかを選ぶよりむずかしい」と思った彼は、今年の女王にマドモワゼル・ペルルを指名した。顔を赤らめ、戸惑いながら辞退のことばを繰り返す彼女の姿をあらためて観察するガストン君。ペルル嬢の穏やかな額や優しげで無垢のままの青い瞳、愛らしい口やきれいな歯に見とれ、その上品さに驚くのだった。

晩餐後、ガストン君はシャンタル氏と玉突き場で葉巻をくゆらせながら、マドモワゼル・ペルルがシャンタル家に来たいきさつを聞く。四十一年前、大雪の降る主顕祭の夜に赤ん坊の彼女は一万フランの持参金とともに、郊外にあったシャンタル家の前に捨てられていたというのだ。シャンタル氏の父親はこの赤ん坊を引き取ることにして、マリ・シモーヌ・クレールと名付けた。

物心ついた頃に養女であることを聞かされた彼女は、自分の立場を本能で理解し、利発で上品な女の子に成長した。彼女が何か良いことや、可愛いことを言ったときなど、シャンタル氏の母親はいつも眼鏡を額の上にあげて「真珠ですよ、ほんとに真珠ですよ、この子は！」と褒めたたえ、それでマドモワゼル・ペルルとなった、とシャンタル氏は述懐する。

時おり物思いにふけるようなシャンタル氏の話しぶりから、ガストン君は氏が若い頃ペルル嬢に心惹かれていたと推察し、それを指摘すると果たしてシャンタル氏は涙ぐむ始末。おそらく相手も同じ思いだったと、部屋に戻り、そっとペルル嬢にそのことを告げると、こちらは失神する騒ぎとなった。だが、来る春の宵、二人は互いに手を取り合うことで一瞬にして陶酔を感じ、「他の人間が一生かかって摘み取る以上の幸福を」得るだろうとガストン君は予感する。

主顕祭は東方の三博士がベツレヘムに誕生したキリストを訪れた祝日（一月六日）。

モーパッサンにとって宝石の輝きは「騙しの外観を代表するもの」（「宝石」、「首飾り」）として冷淡な扱いを受けているが、真珠は別格のようだ。この語が貴重な美しいもの、宝物、精華などの好ましい意味を持つことは欧米語の辞書を見れば明らかで、諸国でパール、マルガリータ、マージョリーなど女子の名前としても使われる。

謎に包まれた出自や、目立たない衣装、すなわち貝殻に包まれながら、美しく輝く内面を持つ女性にとって「真珠」はふさわしい名前といえる。冬の夜に読むべき一編。

ギー・ド・モーパッサン　青柳瑞穂訳『モーパッサン短編集Ⅱ』新潮文庫、一九七一年

したたかな真珠　菊池寛『真珠夫人』

菊池寛の『真珠夫人』は大正九年（一九二〇）六月から十二月にかけて「大阪毎日新聞」と「東京日日新聞」に連載され、翌年に単行本として刊行された。「真珠」の名を冠する日本最初の通俗長編小説といえる。

湯河原で自動車事故が起こり、渥美信一郎は瀕死となった同乗の青年に腕時計を託された。返却する相手が荘田瑠璃子という夫人だ。信一郎は瑠璃子の美貌に魅せられ、接近してゆく。

瑠璃子が生まれた唐沢男爵家は代々の名家だったが、政治家の父親の代で借財が増え、家運は傾きつつあった。母はすでになく、弟の光一は画家を志し、父親とは対立している。十八歳の瑠璃子には子爵家の恋人・杉野直也がいたが、中年実業家・荘田勝平の姦計によって窮地に陥った父親を救うため、荘田のもとへ後添えとして嫁す。しかし結婚後も同衾を巧みに拒み、ついに葉山の別荘で勝平が頓死するまで心も体も閉ざしたままで過ごしたのだった。荘田未亡人として遺産を手にした瑠璃子は自宅のサロンに有為の男子を招き、文学談義などで互いを競わせながら、揺れ動く関係のなかでの境遇を楽しんでいる。

信一郎もそのひとりとして瑠璃子の屋敷に出入りするが、清純と見えた瑠璃子の女王然とした振舞いは男を弄ぶものと詰ってサロンをあとにした。

勝平には先妻との間に一男一女があって、瑠璃子は自分と歳の近い娘の美奈子を大切に思っている。ここで、湯河原で事故死した青年の弟が登場する。兄が関係していたとも知らずに瑠璃子の美貌に惹かれて接近するが、その姿を見た美奈子が一目惚。瑠璃子は娘の思いを遂げさせるため、この男に冷淡な態度で接する。

そこに渥美信一郎から男の兄が死に至った顛末を聞かされると、頂点に達していた瑠璃子への思慕は逆転して激しい憎悪の念となり、凶行に及んで自分も命を絶つ。重傷を負ってベッドに横たわる瑠璃子。臨終の場にはかつての恋人、杉野直也が立ち会い、彼女は母親として直也に美奈子の将来を託すのだった。

本編中、「真珠」という単語が登場するのは九箇所で、その内、装身具の描写は二箇所。園遊会での瑠璃子の帯留に大きな真珠が光っていたこと、サロンで彼女の首飾りに大粒の真珠が使われていたという場面だけで、あとは瑠璃子の容姿を形容して「海底で自然と造り上げられた真珠」のよう、とか、その頬が「真珠のように白かった」といったところで、実体としての真珠はこの小説の展開に関与していない。では、どこが「真珠」夫人なのか。

エピローグに、画家となった弟の光一が生前の瑠璃子を描いた肖像画を展覧会に出品し、その表題が「真珠夫人」だったという挿話がある。ここで瑠璃子が勝平に最後まで心身を許さなかったことが伏線となる。つまり「真珠」は瑠璃子の清純な美しさに対する形容であると同時に、彼女の無垢、精神と肉体の処女性を意味する。光一は、姉の瑠璃子が恋人直也に対して「真珠」すなわち心身両面の純潔を守り続けたことを知り、このような表題を捧げたのだった。

日本で真珠に「純潔」を重ねるようになったのは大正三年（一九一四）、御木本真珠店のカタログ『眞珠』十四号に「六月は真珠の月」と題したコラムが掲載され、中に「真珠は欧米では純粋および潔白を意味し」とあるのが早い時期の例かと思われる。

その二年前、アメリカの宝石商組合が誕生石を統一制定すると、翌年には三越呉服店が「十二ヶ月指輪」として広告に利用する。『女学世界』大正二年五月号に掲載したもので、「各月に応じて定まれる特別なる宝石あり、皆夫々の意義を有せり」と、十二種類の宝石指輪が紹介されている。

『真珠夫人』が連載された大正九年は「真珠＝純潔」の連想が一般に浸透しつつあった頃

だろう。帯留の真珠や、容姿の形容による効果もエピローグへの着地を成功に導いたといえる。

けれど瑠璃子は単に清純無垢なだけの「真珠」ではなかったようだ。というのも、荘田勝平の執拗な攻撃を招いた発端は、園遊会に直也と出かけた瑠璃子が主催の勝平に遠慮なく成金の批判を口にしていたからで、父親が勝平の姦計に落ちて進退窮まったときには、相手を打倒すると決意するほどの激しい気性をあらわにする。さらに荘田未亡人として男性優位の社会通念に反する行動を繰り広げ、指摘されると容赦なく反論する。拝金主義に対する潔癖性と闘争心、時流への異議申し立て、没落する貴族階級と新興事業家との相克といった構図が読み取れる。芯の強さも真珠の特質というべきかも知れない。

菊池寛には他に「珠を争う」「新珠」「壊れゆく珠」「不壊の白珠」といった小説がある。真珠は女性の多様な生き方を託することのできるキーワードだったのだ。

菊池寛『真珠夫人』文春文庫、二〇〇二年

真珠と大正ロマン　佐藤春夫、加藤まさを『薔薇と真珠』

養殖真珠が一般社会に普及し始めた大正期。表題に「真珠」を掲げた文芸作品が次々と登場する。同じ題名の二作品を読んでみよう。

まず佐藤春夫の劇作「薔薇と真珠」は大正十年（一九二一）、雑誌『現代』に発表、翌年単行本として刊行された。

「ギイナスの従妹」という美しい娘を巡って若い公爵と貧しい詩人が思いを募らす。早々に登場するのは劇の作者を自称する道化役者。この道化が読者に向かって虚構であることを告げる。メタフィクションの手法を用いた前衛的な作品だが、「劇壇からは一顧もされず、文壇からは『童話劇』か『探偵劇』としての作者のお道楽」と半ば無視されてしまった。

この「ギイナスの従妹」は衰えてしまった真珠の耀きを回復させる肌を持つ女性のことで、某伯爵夫人の真珠の首飾りに翳りが生じたため、美貴真珠店の番頭がこの娘の能力を知って雇い入れる。ところが娘の美しさを垣間見た男が、友人の若い詩人にそのことを告げた。貧しい詩人は娘の姿を見てもいないのにたちまち恋心を燃やし、詩集を編んで捧げる。

だが、「ギイナスの従妹」を射止めたのは若い公爵だった。絶望した詩人はふたりの結婚を祝う舞踏会で、ホールの高みから会場の床に身を投げて果てるのだが、それを目撃した娘の涙がこぼれて真珠となり、詩人の流した血が薔薇となった。舞台上には真紅の薔薇の花が置かれ、花の上に真珠が露のように輝いている、という場面で幕となる。

序盤では真珠の成因や本質、その美に関して学生や科学者、批評家、詩人たちが登場して見解を述べ合う。大学生は美貴真珠店の跡取りだが、商売を嫌って真珠の研究に没頭、涙による真珠の生成説を論文に引用しようとして科学者から冷笑される。学者は学者で月の光が固まっただの、真珠貝の病的な生産物などとこれも俗説に終始する。真珠の涙を流す娘と薔薇と化した詩人の他はすべて俗物だらけで、ドタバタ劇と評されたのも仕方のないところか。

美貴真珠店は御木本真珠店、その跡取りといえば御木本隆三を連想してしまう。京都帝国大学で英文学を学び、後年はジョン・ラスキンの思想普及に生活を捧げた二代目だ。けれども本作が雑誌に掲載された頃、隆三は銀座本店隣に開店した御木本装身具店を任されていたので、「商人にならず、真珠の研究をする」わけではなく、まだラスキン研究者として業績を挙げてもいない。いかにも世間知らずの若旦那として描かれ、息子の将来を案じる美貴主人の言動とともに戯画化されている。
戦後、上演の企画が起こり、佐藤春夫はこの機会に「御木本のクズ真珠」を表紙にはめこんだ特別装丁本をと意気込んだが、上演は実現に至らず、刊行も夢に終わった。クズ真珠、というところが何とも哀しい。
佐藤は詩集『真珠編』で次のようにうたう。

「不実な涙を讃えよう
何とすばらしい養殖真珠！」（「不実な涙を」）

成因は作為的であっても天然以上に美しい輝きを持つ養殖真珠を認めざるを得なくなった詩人の、精一杯の皮肉と取れる。表紙にはクズ真珠などといわず、最上級品を使うと見栄を張って欲しかった。

大正期に画家、抒情詩人として「その作品は優雅な詩であり幽遠な音楽である」と評価された加藤まさを。今日では「月の沙漠」の作詞者として名が残る。短編「薔薇と真珠」は大正十五年に発表、作品集『消えゆく虹』に収録された。
十八歳の八重子は夢の中の妖精に何でも望みが叶う魔法の真珠を見せられる。真珠の代わりに妖精は彼女の胸にある一輪の紅い薔薇を求める。薔薇は「片時も忘れることの出来ない懐かしい人」への思いで、その花のある限り、八重子のいろいろの哀しみは続く、と妖精はいう。

誘いに応じて薔薇と真珠を交換、たちまち宮殿のような御屋敷にいる自分を発見する。ピアノのある大広間で大勢の召使にかしずかれ、鍵盤に向かえば自在に指が動き、美しい歌声は自分のものとも思えない。両親は隣の部屋に、友人のところへは自動車で行ける。ボートもヨットも、望むものはなんでもある。

八重子はこの喜びを「懐かしい人」と分け合いたいと、自邸に迎えるよう召使に命じるが、それは叶わない。その人への思いは胸の薔薇の花とともに妖精に持ち去られてしまったのだ。八重子は泣き崩れ、魔法の真珠を投げ捨てた。

夢から覚めた八重子は、窓辺にもたれて「懐かしい人」の面影を胸に描く。胸に薔薇の花を抱いていると「いろいろの哀しみが絶えず」、微笑みよりも溜息を誘うことのほうが多いが、それは八重子にとって幸福ともいえる時間だった。

真珠がもたらす物質的満足は薔薇に象徴される愛の充足には及ばないという甘美で感傷的、夢想的な作品。ロマンチックな大正乙女は清らかな真珠にすらも現世的な奢りの影を見たのだろうか。

佐藤春夫『薔薇と真珠』金星堂、一九二二年
遠藤郁子『佐藤春夫作品研究』専修大学出版局、二〇〇四年
加藤まさを『消えゆく虹』大日本雄弁会講談社、一九二九年

厄介な真珠　菊池寛『不壊の白珠』と『珠を争う』

『真珠夫人』の他に、「珠」を表題に用いた菊池寛の作品を見よう。

『不壊の白珠』は身持ちの固い姉と奔放な妹の物語。いうまでもなく堅物の姉が「不壊の白珠」である。

水野俊枝は丸の内の商社にタイピストとして働く「職業婦人」。通勤電車内で親しくなった同じ会社の成田と交際を始めるが、自宅に招くと妹の玲子が好青年の成田に猛烈な攻勢をかける。しとやかで端整な容姿の姉とは正反対の、小悪魔的な魅力に成田は陥落、俊枝を望んでいたのが一転、玲子と結婚することになった。

妹に恋人を取られた俊枝だが、捨てる神あれば拾う神、成田と玲子の仲人に立った片山専務から求婚される。成田は一介の勤め人だが、片山は役員なので生活水準は雲泥の差だ。中年の片山は、容貌の優れないのは仕方がないとして、先妻との間に生意気盛りの子供が三人。軽井沢の別荘に招かれ、その実情に接した俊枝は片山の申し出には消極的だ。

しかし片山は俊枝を望み、橋渡しを新婚の成田夫妻に頼むのに一夜、食事を共にした。すると片山専務の生活水準を知った玲子は、姉が片山と結婚したらと思うと羨ましさが募り、成田との生活もにわかに色褪せた。姉の幸福を呪詛する玲子の態度に成田は唖然とするが、玲子は片山に接近を開始、ふたりが一緒の車に乗っている場面を成田は目撃してしまう。

片山は人妻の玲子と深く付き合うつもりはなく、俊枝との結婚を願って子供たちとは別居しても、という。その真摯な申し出に傾く俊枝。だが、片山との結婚を勧めにきた成田から聞かされたのは、片山と玲子の親密な関係だった。二人の交際を阻止するには俊枝が片山と結婚するしかないという。すると私は妹夫婦の防波堤か。俊枝は裏切られた気分になり、片山の求婚を拒絶、会社も辞める決意を手紙にしたため、投函する。

「あらゆる汚れを厭う白珠の如く、彼女は浄い、しかしながら、冷たい心の色をいつまでも保とうとするのだった」という結末の通り、社会規範も倫理も欠落した玲子、節操のない成田、中年にしてなお盛んな片山といった世俗的人間の中にあって、俊枝もまた融通の利かない堅物としてこれからの人生を送ることが暗示されるのだった。

　こうなると白珠というのも不幸なものである。

『珠を争う』の舞台は女学校。級長選挙でそれまで級長を務めてきた前島麗子は転校生の松木道子に破れ、意気消沈する。最初の投票で双方は拮抗し一票が決め手となるはずが、ひとりの女生徒がふたりの名前を書いていたため、持ち越しになった。そして後日行われた再投票で道子が多数を獲得、級長に推挙されたのだ。

　自尊心の強い麗子は涙ながらに帰宅、母親に問われて理由を話してしまう。要するに最初の投票でふたりの名前を書いた女生徒がこの事態を引き起こした張本人だ。その娘は前島家の借家住まいで、兄は前島の父が理事長をしている育英会の奨学金で勉強している。その立場で麗子の名前を書かないのは恩知らず以外の何物でもない、というわけで愁嘆する麗子を前に母親の怒りの圧力が高まる。父親は逆境も娘のためと諭すが、母親はその山田うた子という娘に思い知らせてやろうと決意。うた子は麗子と道子のどちらにも好感を抱いていただけのことだったのだが、無邪気さも時に思わぬ事態を引き起こす。

うた子の兄秀一は品行方正、学力優秀で医科大学の予科に合格した。何も知らないうた子の母は前島家に奨学金の継続を願いに行く。と、ここで麗子母の怒りが炸裂するのだった。

帰宅した母親の口ぶりから、妹が麗子お嬢様のご機嫌を損ねたと察した聡明な秀一は、働いて学資を得る決意、うた子は女学校を辞めてバスの車掌として働く一大決心をした。同級生たちが通学に使うバスの車掌として働くのは耐えがたいが、兄が進学できないのはもっと辛いことだった。うた子は中退、車掌として馴れない業務を始める。

一方で級長の松木道子は、うた子の退学は自分のせいではないと知りつつも気がかりで、休日、ピクニックにゆくバスの車中、父親に事情を話す。軍学校に勤める父親は娘の心痛を理解し、秀一に学資を出そうという。これでうた子は学校に戻れることになった。

麗子は川で友人とボート遊びに興じているうち、急流に流されて海に出てしまったところを、うた子の兄に救われる。これで秀一は娘の恩人ということになって、さすがの母親も頭が上がらない。

ここで「珠」に仮託されたのは「矜持」「慈悲」「無垢」といった徳目だろうか。争ったのは美少女の麗子と道子かと読み進めるうち、読者が感情移入しやすい「愛嬌のある、可愛い顔をした」うた子もまた「珠」のひとりではと思わせる仕掛けが浮かび上がる。

菊池寛『不壊の白珠』改造社、一九三〇年
菊池寛『珠を争う』青々堂、一九四九年

名は体を表すとは限らない　宇野千代「真珠」

若い女流音楽家で、銀行員吉村三吉の妻である真珠は、夫を北海道に残したまま上京している。東京での仮住まいは三週間ほど前に結婚したばかりの義弟夫婦の家の二階だ。上京したのは音楽修業のためだが、弁護士試験を受けようとしている新庄と逢瀬を重ねてもいる。若く美しい恋人の新庄は、真珠が自分と会うために上京したと思っていたが、そうではないことを知って落胆する。夕暮れ、真珠を帰したくない新庄は別れ際に「真珠子さん」と名前を呼んで引き止めようとした。

新庄と別れて義弟の家に戻った真珠は、上京してまだ十日ほどなのに淋しくなって夫の元に帰りたくなっている自分に気付く。夫の三吉は今では酒びたりで、まぶたも腫れぼったく眠そうな表情をしているが、「三ちゃん」と愛称を呼ぶと昔の悩ましい愛情が呼び起こされ、すぐにでも会いたくなった。しかし約束の演奏会を断るわけにはいかない。そこで電報を打って夫に上京してもらうことを思いつく。

「マジュ、ジドウシャニヒカレテ、ケガシタ」という偽の電文で呼び寄せようという策略だ。真珠は自分の考えに満足して郵便局へ行き、打電して戻る途中に劇場から帰ってきた義弟夫婦と出会う。真珠のたくらみを聞いた義弟の順一は驚いて郵便局へ走り、電報を取り消す。そして真珠と妻を連れて北海道へ行こうと提案する。

北海道に帰ることを真珠は新庄に電話で伝える。別れを嘆く男の顔を見てみたいという残酷な思いが真珠にはあった。上野の停車場に三人で汽車を待っていると、新庄が現れ、真珠は新庄が綴った恨みの手紙を読む。

二昼夜の旅の末、北海道に戻った真珠は、はやく三吉の大きな胸の中で休みたいと念願する。婚約していた頃、どれほど三吉に焦がれたかを真珠は思い出す。だが家に入って、枕元にウィスキーの瓶と食べ残しの折箱が散らばる部屋で、ひとり居ぎたなく眠っている三吉の姿を見ると、いったい自分は何をしに帰ってきたのかわからなくなって、目がかすみ、真珠は声を立てて泣き出した。

実体としての真珠はまったく出てこない。自分の感情に正直で行動的な、真珠という名の女性が、僅かな期間の夫恋しさに耐えられなくなって家に戻る、それだけの話で、前後の経緯は省略されている。夫の三吉は真珠の上京をどう思っているのか、恋人の新庄とはどうして知り合い、真珠とどのような関係になることを望んでいるのか、真珠の出身地、広い北海道のどこに住んでいるのかなど、一切語られない。

実際に作者の宇野千代（一八九七〜一九九六）自身が北海道に夫を残して上京している。それは大正十一年（一九二二）のことで、作品が掲載された雑誌『中央公論』の編集部を訪ねるためだったが、多額の原稿料を手にするとさっそく東京に作家としての拠点を構え、出会った若き日の尾崎士郎と恋仲になってしまう。恋愛至上主義の宇野千代の面目躍如といったところだが、この作品の女主人公も思い込んだらただちに行動に移す性質で、作者がそのまま投影されているといってよいのではないか。

さて、このヒロイン「真珠」は何と読めばよいのだろう。恋人の新庄は別れ際に彼女を「真珠子さん」と呼ぶが、ここにルビはない。

「しんじゅこ」ではあまりにも収まりが悪く、読むとすれば「たまこ」で、これなら実際にもありそうな気がする。だが、芸術家である彼女は常識的で穏当な雰囲気を嫌い、あえて奇矯とも感じられる音を使って自分の名前を呼ばせたのではないだろうか。

彼女が電報を打つときにカタカナで「マジュ」とあらわしているが、これは本当の読みではなく、夫との間だけで通用するニックネームのような気がする。
奔放な彼女の生き方には「たま」や「しんじゅ」ではなく「魔術」や「魔女」を思わせる「マジュ」の音感がふさわしく感じられる。

宇野千代「真珠」『新選宇野千代集』改造社、一九二九年

輝きに命をかけて　宮尾登美子「連」

宮尾登美子の第五回婦人公論女流新人賞受賞作。
表題の「連」は真珠ネックレスを指していう業界用語で、普通に使われることはなく、

真珠の話と直感できるのはごく一部に限られるだろう。真珠ネックレスを作り上げる仕事には注意力、判断力、視力、そしてなにより美に対する鋭い感受性が求められる。一見すればみんな同じように映る数多くの真珠を、さらに選り抜いて一本のネックレスを作り上げる仕事は、まさしく職人技であり、作業員によって当然ながら出来に違いが生じる。

　単体としての真珠の評価と、連としての評価には微妙な違いがある。というのも、一本のネックレスには「連相」といって、調和のとれた表情がなくてはならないからだ。それぞれは美しい真珠でも、揃ったときの一体感がネックレスとしての評価を左右する。大きさや色、輝きが多種多様な天然真珠の時代には望めなかった、養殖真珠が登場してからの新しい価値観といえる。真珠を選び、糸を通して仕上げる作業を「連組み」といい、これも業界で使われる言葉だが、その仕事を行う「連師」は宮尾登美子の命名であろう。

「連」は真珠とともにあった女性連師の生涯を、同じく真珠に魅せられた女性真珠商が語る形式で構成される。時代は昭和初年から戦争で真珠産業が中断するまでの数十年間。舞台は真珠の集散地、神戸三宮。

　語り手のさとは真珠組合の競りから業界に入り、自身で真珠商を営むようになった。女性が真珠商を営むのは珍しい時代で、さとはその思考も容貌も男のようだった。やがて高知の養殖場から真珠を持って神戸に来た裙子《きみこ》と出会い、共同生活を開始。裙子の組んだ連をもっぱらに商い、国内だけでなく外国のバイヤーからも高い評価を得るようになる。

一方の裙子は真珠の美しさに対する生まれながらの強い感受性を持つ、容姿優れた女性。幼い頃、母に見せられた真珠の輝きに心を奪われ、真珠の仕事を選び、その意思の強さは妥協のない連組みに生かされた。たまたま手に入れた不思議な七色の光を持つ「虹珠」に愛着を持ち、自分たちの宝物にするなど、ふたりは真珠がすべての生活を送るようになる。

裙子は、真珠は貝の魂が乗り移った生き物と見て、濃やかな愛情を示した。たとえばサイズを測るのに、ふるい（作中でははかり笘）を通さず、真珠を摘むのにピンセットではなく素手で選別するといった具合で、そのために指先を大切に保護した。ふつうの作業員が一日四十本のネックレスを組むところ、せいぜい六〜七本しか仕上げることをせず、その連は「裙子連」と呼ばれバイヤーの間で奪い合いになるほどだった。

しかし、真珠に没頭するあまり世事に疎く、ふたりで建てた家の自室に廃棄真珠の供養塔を置いて、使用人に気味悪く思われたりする。やがて時代が戦争に向かうと真珠産業は統制されるようになり、取り巻く情勢の変化は互いの間に齟齬を生じさせた。戦後、真珠産業は再開されるが、裙子は視力が衰えて連を組む仕事が難しくなる。そして最愛の「虹珠」

とともに裙子は自死を図る。

「裙子連」とはどんなネックレスだったのか。

「一連七十五の珠が、この電燈の灯りをうけて、全部おんなじ角度で反応してますやろ？つまり、珠のうちからの光沢が同じ性質のものばっかりを集めて連に組んでるのだす。しかも、珠の大きさは三分五厘玉から一分八厘玉まで六通りもありますのに、色はむろんですけど、巻きの厚さから形まで、全部統一されている」と、さとはいう。

珠の大きさが六通りあるのは、いわゆるグラデュエーションという、胸元に来る方の真珠が大きく、後ろになるに従って小さくなる形状の古典的で優美なネックレスで、今では店頭で見かけることは少ない。この場合は胸元に来る中央の真珠が十ミリ半、留め金の側が五ミリ半ということになる。

明治時代に外国人居留地が置かれた神戸は、日本産の生糸や珊瑚を扱う外国人商館が多く建てられ、真珠もこれらの商館を経て海外に輸出された。大手の真珠店は神戸に本社あるいは支店を持って活発な取引を行い、神戸は真珠の町として隆盛を見るようになった。

もうひとつの理由に神戸の自然条件が挙げられる。真珠の色や巻きの評価は肉眼によって行なわれるが、その光源には安定した自然光が望ましい。神戸は北側に六甲の山並みが連なり、その山肌で反射した穏やかな光は真珠の判別にふさわしいとされているからだ。さらに東西に長い地形は北側に窓を設けた作業場を置くのに適しており、中心となる北野町から山本通りには現在、二百を超える真珠会社が集まっている。

商人が自ら扱う商品に愛着を覚えるのは当然のことだが、真珠のような宝飾品の場合には、愛しさが募って一線を越えてしまうことが間々あるようだ。買って欲しいが、内心は売りたくない品に囲まれる。その葛藤を楽しめるようになって初めて、この世界に身を置く醍醐味を感受できるのかも知れない。

宮尾登美子『影絵』筑摩書房、一九七八年
『神戸真珠物語』ジュンク堂書店、二〇〇九年

真珠の輪廻転生　澁澤龍彦「マドンナの真珠」と『高丘親王航海記』

「マドンナの真珠」はフランス文学者・澁澤龍彦（一九二八～八七）が一九五九年に「三田文学」に発表した小説。のちに「犬狼都市」「陽物神譚」と合わせ『犬狼都市』として刊行された。この作品集発刊後の澁澤は小説を封印し、エッセイの形式で独自の世界を切り開く。

東シナ海で起こった航空機遭難。漂流する三人の女性を闇の海から救助したのは幽霊船だった。乗組員はそれぞれ経歴が異なるけれど、いずれも非業の死を遂げた亡者で、その姿は骨と皮、つまり骸骨が服を着たに過ぎない。彼らは二度目の死を得るまで安らかに眠ることも許されず、あらゆる官能の歓びを無効とされた存在である。

一方、三人の女性は救助された時に衣服を剥ぎ取られたため、船の中では全裸で、その肉体は若く、瑞々しい。これだけでも十分に被虐的ないしは嗜虐的な図式だが、さらに三人のうち、ユリ子が海中で救った男の赤ん坊がここに加わることで、この構図は一層強調される。

亡者たちの恐ろしい容貌を見ても赤ん坊は無邪気に笑う。この赤ん坊の処置を巡って船員たちの間で会議がもたれ、採決の結果、ある年齢までは生かしておくという合意に達する。ひとりが、「こいつは海から獲れた真珠だ。真珠と名づけようぜ」と提案し、黙認された。

海をさまよう幽霊船の中で「真珠」は亡者たちが交わす人間に向けられた激しい呪詛を聞かされて成長する。彼らの議論が少年のこころに人間に対する嫌悪を育て、いつしか彼は亡者として成長し、活躍することを願うようになる。冷笑、残忍、裏切り、凶暴、傲岸といった亡者たちの背徳が十二歳の少年の目には最高の美徳と映った。

ある日、甲板の上で、死んで亡者の水夫になりたいという少年を抱擁しながら、あの亡者たちは生きている人間を羨む存在にすぎないとユリ子は諭す。そのふたりの睦まじい様子を目撃した船長は来るべき時が来たと判断し、赤道へ彼らを放逐することを決意する。

赤道は大洋の真ん中に横たわる十五〜六メートルの幅の帯で、水面とほとんど同じ高さを持ち、たえず波に洗われている。金属の色をしているが人工物なのか、自然の生成物なのかはわからない。それが延々と東西に空と水の間に消えるまで続いている。

船長は三人の女と少年をボートに乗せて赤道に近づき、東でも西でも足の皮の破れるまで歩き続けるが良い、という。抵抗した二人の女は船長に海に叩き落されてしまい、ユリ子と少年が赤道に降り立って歩き始める場面で小説は終わる。

幽霊船には驚かないが、この赤道には驚く。波が洗うほどの高さなら海の荒れた日には高波で浚《さら》われてしまうだろう。日よけもない灼熱の鉄の上をどこまで歩けるものか。全体、どういう構造で浮かんでいるのか。それとも何万メートルとも知れない海底から高架橋のようにそそり立っているのか。途中には船が南北を横切る運河のような切れ目でもあるのかなど考えだせば、まんまと作者の術中に嵌まる。

少年は亡者のひとりによって「真珠」と命名され、それがこの小説の表題を導いているけれど、本人はその名前を知らぬかの如く描かれる。また、三人の女性のうちでマドンナに比せられるのはユリ子で、それは名前が聖母の持物とされるユリであることと「真珠」を海から救い上げたということから明らかだ。

いうまでもなく真珠は幼子イエスをあらわしている。ただし幽霊船での生活が終わるきっかけとなった、甲板上でユリ子が少年を胸に抱く場面は、聖母子というにはあまりに異性間の親密な雰囲気を漂わせていて、そのために船長の咎めるところとなったわけだ。彼らは幽霊船から追われて赤道上に降り立ち、どこへ向かって歩いていったのだろうか。

少年と成人女性との組み合わせは澁澤の好むところであったのか、遺作となった『高丘親王航海記』にも、幼い親王と藤原薬子が睦みあう場面がある。藤原薬子は高丘親王の父・平城帝の寵愛を受けていた女性で、親王に添い寝して予言とも取れる未来を語る。この場面は「マドンナの真珠」の甲板上の抱擁と重なり、ユリ子は薬子の、少年は親王の生まれ変わりということになろうか。あるいは赤道上を歩いていった二人が、奈良時代に転生したのか。

実在の親王は、後に薬子の乱に連座して皇太子の座を失い、出家して京や大和の寺院を歴巡した後、六十歳を過ぎて唐に赴き、二度と日本に帰らなかった。記録の上ではインドに入ろうとした最初の日本人という。

『高丘親王航海記』の第六章にあたる「真珠」は雑誌「文学界」昭和六十二年三月号に掲載された。親王が側近の僧を連れて唐から海路、天竺《てんじく》を目指す途中で真珠採取漁場に立ち寄る。ここで漁民から大粒の真珠を貰った親王は、僧たちと真珠の吉凶について語る。僧のひとり円覚によれば「真珠というのは貝にとっての病気にほかならず」、あまりに美しい真珠は親王に災いをもたらすのではと恐れる。他方の安展は、親王のこころが美しいのと真珠が美しいのは相似形であって、真珠は親王の精神が生み出したものと見る。親王自身はこうしたやり取りを楽しみながらも、漠とした死の想念を感じていた。

やがて魔の海域に迷い込み、船は進路を阻まれる。海の異変を感じて身投げをする船員が続出するなか、怪しい小船が接近して、真珠を奪おうとする魔性の者が現れる。腰の帯に付けた火打石の袋が裂けて転がりだした真珠を手に受けると、親王は口に含み、呑み込んで意識を失う。目覚めた時、親王はのどに痛みを覚えていた。真珠はやはり死の珠で、それがのどの奥にあるらしい。親王は死の珠とともに天竺を目指す運命を悟る。

実際にこの海域で真珠採取場として古代から知られていたのは、インドとスリランカの間にあるマナール湾で、紀元六十〜七十年に成立したとされる『エリュトゥラー海案内記』にもコマレイの名で紹介されているが、親王が迷い込んだのはもっと東寄りと思われる。海図にない、まさに魔の海域だった。

澁澤龍彦はこの小説執筆時に喉の病気を発症し入院を経験している。エッセイ集『都心ノ病院ニテ幻影ヲ見タルコト』では自分の病気は真珠を呑んだゆえであるとして、自ら「呑珠庵《ドンジュアン》」と命名しているから、まさに高丘親王は澁澤自身といって良いだろう。

なお、これらの小説のほかにも、古代ローマの博物学者プリニウスが著した『博物誌』について書かれたエッセイ『私のプリニウス』に「真珠について」の一章が収められている。

余談めくが、真珠博物館の監修者だった杉山二郎先生は澁澤龍彦と懇意だった。一九八七年の没後、杉山さんが博物館を訪れた際に「ここを澁澤に見せてやりたかったな」と呟いたのを覚えている。

村川賢太郎訳『エリュトゥラー海案内記』生活社、一九四六年
澁澤龍彦『犬狼都市』桃源社、一九六八年
澁澤龍彦『私のプリニウス』青土社、一九七八年
澁澤龍彦『都心ノ病院ニテ幻影ヲ見タルコト』立風書房、一九八六年
澁澤龍彦『高丘親王航海記』中央公論社、一九八七年

あとがき

本書は業界紙『真珠新聞』に掲載したエッセイを中心に、ミキモト真珠島のホームページ「館長のブログ」から数編を選び、さらに未発表分を加えたものである。

前作『真珠の博物誌』の刊行は二〇〇二年。以降に蓄積した真珠に関する文献資料は多岐に渡る。日本史上の諸相を取り上げた『にっぽん真珠ヒストリア』(二〇一七年)、人々が真珠に思い描いてきた様々なイメージを一覧した『真珠と想像力』(二〇二〇年) など、真珠博物館の企画展を実施するために集めたものが多くを占めている。それらの中には、先行研究では取り上げられなかった記述を発見することもあったが、スペースに限りのある展覧会では充分に消化できず、簡単な紹介に終わってしまった。

それでも今後の真珠文化研究に、多少の寄与が期待できるのではと思っていたところに真珠新聞編集部から寄稿の求めがあり、短い文章にまとめて二〇一九年五月から連載を続けている。本書の主に前半に配置した歴史関係の記述は、この記事を大幅に加筆修正した。

ミキモト真珠島に真珠博物館が開館したのは一九八五年。それ以前の展示室でも小さな展覧会を開いたことがあった。真珠の出てくる小説を集めた「二ダースの真珠」というタイトルで、二十四冊の図書を展示した。稀覯本などは思いもよらず、ケースの中は普通に書店で買える文庫本ばかり。創元推理文庫のクリスティやチャンドラーを並べた他愛のないものだったが、その後、少しずつコレクションを増やし、表題に真珠を含む、あるいは真珠の出てくる小説二六〇冊ほどを収蔵書架に並べて悦に入っている。

こういう書籍を探すのに、以前は神田神保町の古書店を片っ端から歩き、舐めるように本棚に眼を走らせたものだが、昨今は検索サイトに頼るようになり、国立国会図書館のデジタルコレクションやＷＥＢＣＡＴの恩恵を享受している。国内の古本屋にリンクすれば即座に購入が可能で、何と便利な世の中になったことだろう。ただし目星をつけた書籍を入手しても、その中に必ず真珠に関する記述が見つかるとは限らず、これは実際の真珠採りと同じかも知れない。一方で、思いもよらず見事な（真珠が重要な位置を占めている）作品に出会ったときの喜びは格別で、本書後半ではこうした検索の成果を紹介した。

実際には真珠が現れず、人の名前や属性として真珠が使われた作品もいくつか取り上げた。大切に思う対象を「真珠」と呼ぶことについての共感は洋の東西を問わないように思える。日本では主に愛しく思う相手について使われるが、西洋では尊く得がたく唯一無二の相手に使われることが多い。きっと宗教的な背景が影響しているのだろう。

例えば十四世紀、イギリスの無名詩人による長編詩『真珠』はその好例といえる。愛する娘を幼くして亡くした詩人の追慕と諦観に至る夢を描いた作品で、古い英語で書かれ、キリスト教の教義にかかわる事項が多数見られるため難解とされている。けれど夢のなかで、天国で安らかに暮らす娘に「真珠よ」と呼びかける父親の心情は、我が万葉の詩人が恋人を白珠に譬《たと》えたのとさほど離れていないのではないか。

真珠は深い海の底でひっそりと生きる貝の厚い殻に覆い隠されている。それを得るには並大抵ではない労働や、襲いかかる苦難がつきもので、場合によってはその仕事が悲しみや涙を導くことに成りかねない。鮫などが泳ぐ海での真珠採取は命がけ、世界の一部地域で真珠が涙の象徴とされるのは、こうした事実からの連想かも知れない。

「館長のブログ」からは、食べ物の話題などを選んで各章の間の息抜きとしてみた。お口に合えば幸い。さあ、あなたも図書室に潜り込んで、真珠採りをしてみては。

令和五年初冬

松月清郎

松月清郎 まつづき・きよお

一九五二年、三重県伊勢市生まれ。立命館大学文学部卒業後、(株)御木本真珠島入社。一九八五年、同島に設立された真珠博物館の学芸員として多数の展示企画を運営。二〇〇二年より同館館長。著書に『真珠の博物誌』(研成社)がある。

図書室で真珠採り

二〇二三年十二月一日発行

著　者　松月清郎

発行者　吉川和之

発行所　月兎舎

〒五一六―〇〇〇二　三重県伊勢市馬瀬町六三八―三

電話　〇五九六―三五―〇五五六

https://www.i-nagi.com

印刷所　株式会社シナノ

ISBN978-4-907208-25-7 C1040